KB131722

하루 한 알

# 지능 업 영양책

하루 한 알 지능 업 영양책

1판 1쇄 인쇄 2018. 9. 10.
1판 1쇄 발행 2018. 9. 20.

지은이 김동철

발행인 고세규
편집 최은희·길은수 | 디자인 지은혜
발행처 김영사
등록 1979년 5월 17일(제406-2003-036호)
주소 경기도 파주시 문발로 197(문발동) 우편번호 10881
전화 마케팅부 031)955-3100, 편집부 031)955-3200 | 팩스 031)955-3111



값은 뒤표지에 있습니다. ISBN 978-89-349-8325-5 13590

홈페이지 www.gimmyoung.com 블로그 blog.naver.com/gybook
페이스북 facebook.com/gybooks 이메일 bestbook@gimmyoung.com

좋은 독자가 좋은 책을 만듭니다.
김영사는 독자 여러분의 의견에 항상 귀 기울이고 있습니다.

이 도서의 국립중앙도서관 출판시도서목록(CIP)은 서지정보유통지원시스템 홈페이지
(http://seoji.nl.go.kr)와 국가자료공동목록시스템(http://www.nl.go.kr/kolisnet)에서
이용하실 수 있습니다. (CIP제어번호: CIP2018028836)

# 하루 한 알 지능업 영양책

김동철 지음

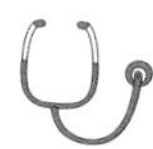

김영사

# 하루에 하나씩 꾸준히, 지능 영양제

**"어떻게 하면 우리 아이 지능이 높아질까요?"**

15년째 자녀 상담을 진행하며 가장 많이 받는 질문입니다. 흔히들 자녀의 정서나 행동에 문제가 있어 상담 센터에 올 거라 생각하지만 실제론 그렇지 않습니다. 문제가 없어도, 어떻게 하면 아이의 두뇌를 더욱 계발할 수 있을지, 그 방법을 묻기 위해 찾아오는 부모가 상당수입니다.

"어떻게 하면 지능이 올라가나요?"
"어떻게 하면 공부를 잘할까요?"
"어떻게 하면 서울대에 갈 수 있나요?"

표현은 각기 달라도 질문의 핵심은 결국 '어떻게'로 귀결됩니다. 당장 부모로서 어떻게 말하고 행동해야 할지 모르겠다는 것입니다.

비단 클리닉에 찾아오는 부모들만의 문제는 아니라고 생각합니다. 어떻게 말해야 아이가 똑똑해지고 올바르게 성장할 수 있을지, 대부분의 부모는 매 순간 고민하고 때로는 불안해합니다. 정말, 우리는 어떻게 해야 할까요?

**결론을 먼저 말하자면 지능은 얼마든지 달라질 수 있습니다.**

과거에는 유전적으로 타고난 지능을 그저 운명처럼 받아들여야 하는 것으로 여겼습니다. 하지만 인지과학자, 신경생리학자, 뇌 공학자 등 각 분야의 과학자들이 출생 이후에도 지능이 얼마든지 변할 수 있다는 연구 결과를 내놓았고 '지능 불변의 이론'은 사실이 아닌 것으로 밝혀졌습니다. 저명한 과학 전문지 《네이처》는 사회적 작용을 통해 IQ가 20포인트 이상 올라갈 수 있으며 사회 발전이 정체되거나 개인의 발달을 가로막는 환경에서는 오히려 두뇌가 퇴화할 수도 있다는 내용을 싣기도 했습니다. 런던 대학의 인지과학자 캐시 프라이스에 따르면, 새로운 생각을 하면 뇌 스스로 새로운 신경회로를 만들어 뇌가 활성화되고 지능이 높아진다고 합니다.

쉽게 말해, 두뇌 발달은 빵을 만드는 과정과 비슷합니다. 빵은 밀가루 반죽을 계속 치대면 치댈수록 더욱 쫀득하고 부드러워 집니다.

시간이 걸리고 손이 아파도 정성스럽게 반죽할수록 빵이 맛있어집니다. 뇌도 마찬가지입니다. 적절한 자극을 계속 가해야 두뇌가 발달합니다.

잠재력이 무한한 아이들의 두뇌가 발달하면 뇌 공학에서 말하는 '두뇌 경영'이 가능해집니다. 두뇌 경영이란 바른 생각을 하면서 스스로 스트레스를 조절하고 자신이 가진 능력을 최대치로 활용하는 것을 말합니다. 그 과정에서 상승작용으로 지능 활용 범위가 넓어지고 상황 판단 능력이 발달하며 학습력이 좋아집니다. 이렇게 아이 스스로 긍정적인 습관을 형성하고 자신의 강점을 적극적으로 활용한다면 부모는 학습에서는 물론, 일상에서도 더 바랄 것이 없을 것입니다.

## 부모의 말과 행동이 자녀의 지능을 결정합니다.

자녀의 두뇌를 '어떻게' 발달시킬 수 있는지, 그 방법을 찾아 헤매는 수많은 부모에게 꼭 하고 싶은 말이 있습니다. 그 어떤 보약이나 과외보다도, 당장 성장기 자녀에게는 부모의 말과 행동이 가장 큰 영향을 미친다고 말입니다. 자녀의 학습 시간 및 양을 늘리고 온갖 교육 정보를 따라잡는 것이 정답은 아닙니다. 부모의 말과 행동이야말로 최고의 영양제가 될 수 있습니다.

하루에 하나씩 두뇌 경영을 가능하게 할 지능 영양제를 이 책에 담으려 노력했습니다. 건강을 위해 영양제를 꼬박꼬박 챙겨 먹듯 자녀에게 유익한 말과 행동을 꼬박꼬박 실천한다면 건강한 두뇌 발달이 이루어질 수 있습니다. 창의 지능, 논리 지능, 신체 지능, 성찰 지능 등 각 지능을 발달시키기 위해 부모들이 당장 따라 할 수 있는 쉬우면서도 유익한 예시를 제시하는 데 가장 공을 들였습니다. 복잡하고 어려운 교육 방법이나, 심리학 이론보다는 당장 적용할 수 있는 말과 행동이 지금 이 순간 바쁘고 정신없는 우리 부모들에게 더 절실하다고 판단했기 때문입니다. 책 속 예시를 일상에서 적용하며 함께 시간을 보내고 웃고 대화하는 순간들이 아이의 두뇌를 더욱 건강하게 만들어줄 것입니다.

매일 꾸준히 부모가 자녀의 두뇌 발달에 긍정적인 영향을 미칠 수 있는 말과 행동을 꾸준히 보여준다면 아이는 지혜롭고 현명하게 성장할 수 있을 것입니다. 당장은 효과가 있는지 모르겠다가도 어느 순간 건강해진 내 몸을 깨닫게 하는 영양제처럼 말입니다.

'어떻게 하면 내 아이가 더 훌륭하게 성장할까?'

끝없는 양육 고민에 빠져 있는 부모들이 더 성숙하고 현명한 방법을 찾아가는 데 이 책이 도움이 된다면 심리학 박사이자 세 아이를 키우는 대한민국의 한 아버지로서 더없는 큰 기쁨과 보람일 것입니다.

2018년 가을
김동철

## 차례

## 2 정확한 판단력과 관찰력을 키우는 논리 지능 영양제

## 3 몸도 마음도 튼튼해지는 신체 지능 영양제

## 4 자존감을 높여 행복을 키우는 성찰 지능 영양제

## 미리보기

# 두뇌 발달 요소를 살필 수 있는
# 지능 업 지도

## 미리보기
# 두뇌 발달 요소를 살필 수 있는 지능 업 지도

### 1 신체 지능

**손** 지능은 손을 어떻게 사용하느냐에 따라 향상된다. 손은 우리의 지능 업 계획에 빠질 수 없는 핵심 인체 기관 중 하나다.

손으로 도구를 만들어내면서 인간은 진화했고, 손의 경험을 통해 더욱 발전된 학습 체계가 현실화되어 지금의 현대인이 만들어졌다. 이후 미래인도 이런 과정을 거칠 것이다.

손가락의 미세한 감각과 움직임은 인체 운동의 중추로서 두뇌의 핵심인 전두엽을 끊임없이 자극해 다양한 정보를 뇌에 가장 많이 전달한다.

**피부** 따뜻함과 차가움을 느끼는 온각·냉각, 고통을 느끼는 통각, 사물을 누르는 힘으로 느껴지는 압각 등 여러 가지 피부감각은 우리 인체의 수많은 기관과 협력하여 위험과 즐거움 등을 감지해 자

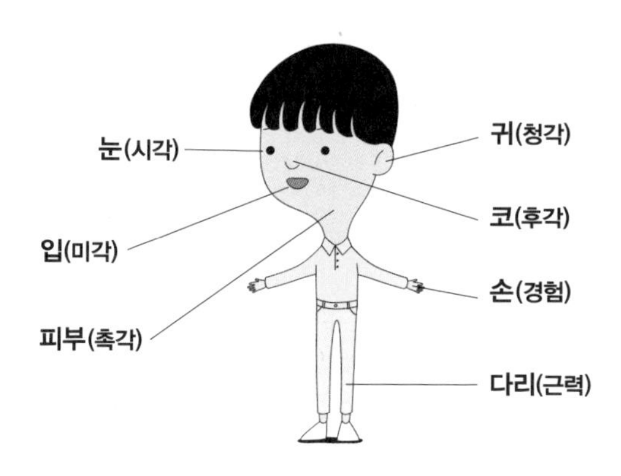


신을 보호하고, 예방하고, 괴로움을 해소하고, 창의력을 만들어나가는 등 다양한 역할을 한다. 특히 뇌의 신경 자극이 가장 많이 분포되어있는 기관이기 때문에 만지고 쓰다듬고 하는 스킨십이 감성에 끼치는 영향이 크다.

**눈** 세상에 태어났을 때 처음으로 보게 된 빛이 굉장한 속도로 뇌신경에 도달해 감각 반응을 일으킨다. 보통 약 700만 개의 시각 원추 세포가 200여 가지 정도의 색을 분류하고 구분하며 기억한다. 이렇게 본 것들로 학습을 하며 성격과 기질이 형성된다. 그래서 다양한 색깔을 볼 수 있는 환경일 때 두뇌가 건강해지며 기억력이 상승한다.

**귀** 보통 사람은 20~2만 헤르츠HZ 범위에 있는 소리를 듣는다. 다양한 소리를 들을수록 감각 훈련이 활성화되며 내용을 소리 내어 읽는 식으로 청각을 자극하면서 학습하면 그 내용을 더 오랫동안 기억할 수 있다.

더불어 청각은 정신 건강에도 큰 영향을 미쳐, 심리적으로 위축되거나 지나치게 스트레스를 받았을 때 사운드 세러피로 치유할 수 있다.

**입과 혀** 미각은 맛을 즐기게 하는 것을 넘어서 위험을 방지하는 놀라운 기관이기도 하다. 쓴맛을 보게 되면 보통 뱉어내는데, 이 같은 쓴맛을 내는 것에 독성이 함유되었을 가능성이 크기 때문이다. 그래서 미각은 생존을 위해 해야 할 것과 하지 말아야 할 것을 구분하는 데 꽤 큰 역할을 한다.

**코** 후각은 뇌의 연상 작용을 돕는다. 특정 냄새를 맡으면 그 냄새와 관련된 기억이 떠오르는 것이다. 이렇게 냄새를 통해 기억하는 것은 꽤나 오래가기 때문에 무언가 기억해야 할 때 후각을 활용하면 좋다. 더욱이 학습할 때 좋은 향을 맡게 하면 학습 스트레스가 완화되고 심리적 위안을 받아 학습에 도움이 된다.

**다리** 다리를 다쳤다고 가정해보자. 신체는 금세 허약해지고 결국 면역 체계까지 무너져 생존에 필요한 기본 에너지조차 고갈되는 암담한 일이 생길 것이다. 신체의 강인함은 다리에서 비롯된다. 다시 말해 다리는 건강한 두뇌를 운영하기 위한 중요한 에너지원이다.

영국의 킹스 칼리지 런던 연구팀에서 10년간 임상 연구한 결과를 보면, 다리만 건강해도 그렇지 않은 사람과 비교했을 때 뇌의 건강 상태가 월등히 좋다. 다리의 근력과 뇌 건강 사이에 상당히 깊은 연관이 있다는 사실이 밝혀진 것이다. 신체를 활용한 지능 훈련에서 다리가 얼마나 중요한지를 증명한 셈이다.

## 2 정신 지능

**호기심** 호기심은 지능 발달의 씨앗과도 같다. 인간의 두뇌는 새로운 것에 대한 호기심에서부터 학습이 시작된다. 새로운 것에는 호기심과 동시에 약간의 두려움과 공포가 따르지만 이조차 학습 호기심으로 발전될 수 있다.

**근성** 정신이 지속적으로 유지되는 것은 뇌를 안정화하는 작용을 한다. 근성이 있으면 목표에 도달하기 위해 특정 행동을 꾸준히 반복하고, 이때의 반복적인 패턴 덕에 뇌가 안정화되는 것이다.

**기다림** 자녀는 기다림을 학습하는 과정에서 특정 행동을 언제 하면 좋은지를 탐색하고 파악하는 등의 시기 조정 분석력을 배워간다. 이러한 기다림의 학습은 결국 합리적인 선택을 도와 성공률을 높인다. 인내하며 적절한 때를 기다리는 것은 지능의 뜸을 들이는 것과 같다. 완숙한 정신과 지능을 위해 꼭 거쳐야 하는 중요한 과정이다.

**신뢰** 신뢰는 자신을 신뢰하는 '자아 신뢰'와 타인을 신뢰하는 '타인 신뢰'로 분류된다. 먼저 자아 신뢰는 아이가 자기 자신을 믿고 행동하며 목표 의식을 갖는 것으로 스스로를 분석하고 이해하면서 생긴다. 타인 신뢰는 아이가 부모를 믿고 따르며 소통하고 교감하는 것같이 상대방을 믿고 따르며 생겨난다. 이 과정에서 신뢰가 존중으로 이어지기도 하며 그 상호작용으로 아이의 성향이 긍정적으로 발달하기도 한다.

**소통** 경험 및 학습 과정에 있는 자녀가 본인의 미흡한 부분을 충족하고 도움을 받기 위해 필요한 최소한의 장치가 바로 소통이다. 일차적으로 부모와 소통하며 배운 것을 활용해 다른 집단에서 또 다른 소통 학습에 활용하게 된다.

사람은 혼자 사는 것이 아니라 사회 안에서 여러 사람과 함께 살아가기 때문에 원활하게 소통하는 법을 배우는 과정은 성장기의 아주 중요한 요소 중 하나다.

**애정** 사랑을 하면 뇌에서 세로토닌이나 엔도르핀처럼 기분을 좋게 하는 호르몬이 나와 쾌감과 설렘을 느끼고 긍정적인 긴장감도 생긴다. 이 호르몬 작용으로 신체와 정신 면역력이 올라가 몸과 마음이 모두 건강해진다. 사랑을 하면 힘들고 어려운 상황에 닥쳐도 이겨낼 수 있는 힘이 생기는 이유다.

**도전** 인간의 도전은 결국 모험적 행동으로 이어진다. 모험적 행동은 실패와 성공을 겪으며 점차 목표에 다가가게 한다.

인류의 발전 역시 도전에서 비롯됐다. 안주하지 않고 도전하는 과정을 거치며 지금이 만들어졌고 미래 역시 이 같은 도전으로써 나타날 것이다.

성장기의 자녀가 자신감 있게 무언가에 도전하도록 쉽게 성취할 수 있는 작은 목표부터 세워 함께 이루어나가자. 점차 두려움은 줄고 도전 정신이 커지며 성장하는 자녀의 모습을 발견할 수 있을 것이다.

## 3 환경지능

**부모 양육 환경** 부모는 자녀의 거울이다. 자녀는 부모를 따라 하면서 각종 행동 양식과 방법 등을 배우고 그 과정에서 자신의 강점을 발견하기도 한다. 부정적인 행동도 마찬가지다. 따라서 부모의 각종 말과 행동 등이 자녀에게 상당한 영향을 미친다는 것을 잊어선 안 된다.

**주변 환경** 성장기 자녀가 자라나는 최고의 환경은 안전하고도 부정적 자극이 없는 것이다. 특히 자연 환경을 많이 접하면 피톤치드가 발생하는 나무 등 자연물 덕에 긴장을 풀어주는 부교감신경이 활성화되고 정서적으로 안정될 수 있다. 도시에 살더라도 정기적으로 자녀가 자연을 접할 수 있도록 해야 한다.

**또래 환경** 또래는 협력자면서 경쟁자다. 서로 소통하며 정보를 얻고 학습하는데 이때 어떤 정보를 얻는지가 또래 친구에 달려 있어 자녀들의 또래 환경은 아주 중요하다.

**형제자매 환경** 형제자매는 같은 양육 환경에서 같은 양육자로부터 같은 교육을 받으며 성장하기 때문에 서로 유대감을 느낀다. 하지만 그와 동시에 서로가 최초의 경쟁자이기 쉽다. '가족'이라는 울타리 안에서 서로를 이해하고 배려하는 환경을 만들어주는 것이 중요하다.

## 4 부모 지능

**부모의 유전적 두뇌 지능** 학술적으로는 엄마의 지능이 자녀에게 유전된다. 다만 이 지능이 그대로 학습 결과로 이어지는 것은 아니다. 부모의 훈육과 아빠의 사회적 지능 등이 결합되어 학습 결과로 나타난다. 즉, 부모의 양육 환경과 자녀가 유전적으로 타고난 기질, 성격 등이 복합적으로 학습에 영향을 미친다.

**부모의 사회성 지능** 부모의 사회성 지능은 함께 생활하는 동안 쉽게 흡수되어 자녀들이 부모를 닮아가기 마련이다. 부모와 의식주를 함께하는 특수 환경에 놓여 있기에 부모의 사회성이 자녀의 사회성에 크게 영향을 미치는 것이다.

1

# 편견을 깨고 새롭게 바라보는 창의 지능 영양제

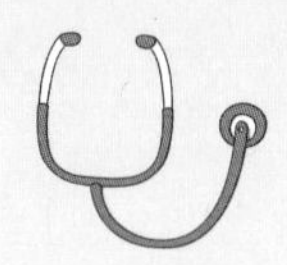

## 01 남을 즐겁게 만드는 과정에서 창의 지능이 발달한다

창의 지능 발달에 효과적인 활동 중 하나는 타인을 즐겁게 하는 것이다. 타인에게 재미와 즐거움을 주기 위해 다양한 정보를 수집하고 순발력을 발휘해 유머를 뽐내는 것은 상당한 수준의 지능이 전제되기 때문이다.

'비틀어보기' 활동이 대표적인 예다. 비틀어보기란 일반화된 기존의 틀을 벗어던지고 새로운 시각으로 대상을 보는 다양한 시도를 뜻한다. 이러한 활동들이 두뇌의 창의력을 끌어올리는 중요한 에너지가 된다. 타인을 위해 재미난 소재를 찾고 행동하는 것은 창의적 지능 발달에 중요하고도 기초적인 재료다.

### ★ Dr. 처방

많은 아이가 단순한 것에서 재미를 느낀다. 어찌 보면 유치하기도 하고 순박하게 보일 때도 있다. 부모가 조금만 더 신경을 써주면 아이들은 타인을 위해 또 다른 재미있는 행동을 하려고 노력하면서 더 수준 높은 유머를 구사할 수 있게 된다. 상대방이 나의 말과 행동 등을 만족스러워할 때 자존감이 확장되고 이것이 창의적 사고, 논리적 사고를 더욱 강력하게 만들 수 있다.

**오늘의 지능 영양제**

- 주변의 사람과 사물, 환경을 사랑의 눈으로 관찰한다. 가족의 말투나 몸짓을 따라 하거나, 꽃이 피는 모양, 바람 소리, 강아지의 꼬리 흔드는 모양 등등을 함께 바라보고 따라 해보도록 한다.
- 동전을 보여주었다가 옷소매에 숨겨서 다른 손으로 옮겨 보여주거나, 그림자놀이 등등 사물을 평소와 다르게 볼 수 있다는 것을 알려준다.

재미있는 것을 따라 하면 표현과 행동 발달에 큰 도움이 된다. 재미있는 행동을 창의적으로 해내면 관련 학습을 더욱 유쾌하게 이어갈 수 있어 스트레스 지수가 줄고 자존감도 올라갈 수 있다.

점차 자신만의 유머를 발휘할 때, 남을 웃길 수 있는 더 재밌고 새로운 것이 무엇일지 고민하는 과정에서 창의적 지능이 발달한다.

남을 즐겁게 만드는 과정에서
창의 지능이 발달한다

## 02 자녀가 노는 법을 스스로 터득하도록 지켜보자

놀이는 아이에게 아주 중요한 행복 요소다. 아이의 쾌감 지수는 놀이의 비중이 상당히 높기 때문에 놀이에 빠져 식사 때를 놓치기도 한다. 놀이는 꼭 필요한 지능 학습의 일환이기도 하다. 어떤 놀이든 지능 계발에 막대한 도움이 되기 때문이다. 노는 과정에서 감성, 이성, 신경을 지배하는 시냅스가 아주 활발히 움직이며 전체 시냅스 양이 늘어나 지능이 발달한다. 특정 규칙을 터득하거나 함께 노는 다른 사람들의 감정을 신경 쓰고 이해하는 과정 덕분이다.

부모가 놀이 방법을 잘 가르쳐주어도 영유아 때에는 자신의 주관대로 놀이 방법을 고집할 때가 많다. 이때 부모가 뜻을 굽히지 않고 노는 방법을 강요하면 울음을 터트리기도 한다. 그러다가 아동기에 접어들면 아이는 부모가 알려준 정보에 따라서만 놀 수도 있다. 즉, 노는 방법에마저 지나치게 간섭하면 자칫 아이가 창의적으로 사고하는 능력을 해칠 수도 있다.

놀이에는 이미 익숙한 규칙과 방법이 있겠지만 아이 스스로 그 방법을 확장해 더 다양한 놀이를 만들 수 있다. 부모가 지나치게 간섭하지 않고 아이가 스스로 놀이를 하며 방법을 터득하도록 지켜보는 것도 창의성 지능 계발에 많은 도움이 된다.

### ★ Dr. 처방

기존에 즐거워했던 재미난 놀이를 계속해도 좋지만, 더욱 좋은 것은 새로운 놀이를 찾고 경험하면서 함께 노는 친구들과 소통하며 호기심과 창의성을 키우는 것이다. 새로운 놀이를 찾는 과정에서 각종 호기심이 생겨나고 새 놀이 방법을 만들면서 집중력이 향상된다. 이때 상황 인식력이 강화되고 창의적 지능도 높아진다.

**오늘의 지능 영양제**

- 어떤 놀이를 좋아하니? 엄마에게 가르쳐줄래?
- 새로운 놀이를 만들어냈구나! 전에 했던 놀이와 어떻게 다른 거니?
- 재밌는 놀이구나! 그렇다면 또 어떤 다른 놀이가 있을까? 아빠 생각에는 이렇게 놀이 방법을 바꿔도 재밌을 것 같은데 너의 생각은 어떠니?
- 새로운 놀이 방법을 잘 만들 수 있겠는데? 우리 함께 만들어볼까?

함께 물어보고 놀이하면 더 많이 교감하게 되어 감성 발달을 돕는다. 어떤 놀이 방법이 있는지는 최소한 세 가지를 물어보는 것이 좋다. 아이가 대답하는 여러 놀이 중에 가장 즐기는 놀이와 잘하는 놀이가 있기 마련이므로 아이의 자존감을 올려줄 수 있다.

# 자녀가 노는 법을 스스로 터득하도록 지켜보자

## 03 악기를 다루는 것은 창의 지능의 원천이 된다

악기를 다루면 다양한 능력이 발달한다. 곡을 연주하면 소리를 이해하는 과정에서 뇌가 발달하기 때문이다.

무엇보다 감성을 풍부하게 만든다. 또한 연주할 때 들리는 소리를 따라가다 보면 암기력도 강화된다. 마치 글자를 읽을 때 뇌에 그 글자가 기록되듯 소리도 뇌에 기록된다. 이처럼 소리를 들으며 뇌에 기록되고 기억으로 남는 과정이 반복되며 무언가를 외울 수 있는 능력이 발달한다.

음악은 대부분 긍정적인 에너지를 주기 때문에 뇌를 안정적으로 만든다. 우울하게 느껴질 수 있는 단조의 음악이라도 '음악'이라고 생각될 만큼 아름다운 소리라면 가만히 있던 신경에 자극을 주고 뇌 발달에 긍정적인 영향을 미친다. 단, 천둥소리, 유리가 깨지는 소리 등 불쾌하거나 공포스러운 소리 등은 오히려 심리를 불안하게 해 뇌 발달에 부정적인 영향을 미친다.

연주할 때는 대개 스트레스가 풀리는 경향이 있기 때문에 심리적으로도 도움이 된다. 더불어 가까운 소리와 먼 소리 등을 구분하는 과정에서 공간 지각 지능도 발달한다.

무엇보다도 악기를 다루고 연주하면 창작 욕구가 생긴다. 또 다른 음악이나 가사를 욕심내고 직접 만들어보면서 창의성이 발달할 여지가 많다.

### ★ Dr. 처방

아이가 어릴 때부터 악기를 가르치는 부모가 많다. 대개 아이가 악보를 잘 보고 그들의 학습 평가에 도움이 되도록 혹은 재능을 계발하려고 악기를 배우게 한다. 그러나 아이가 금방 싫증을 내고 배우고 싶어 하지 않아 난처한 상황에 처하는 일도 많다. 이럴 때는 어떻게 해야 할까?

음악은 감성적인 역량이 중요하기 때문에 강제로 시키거나 평가가 중심이 되어서는 안 된다. 대부분 음악을 즐기기보다는 한 곡을 제대로 연주하는지에 중점을 두고 그 과정에서 평가와 경쟁이 주가 되어 아이들이 흥미를 잃는 것이다. 이러한 문제를 피한다면 악기 연주는 꼭 필요하고도 유익한 지능 영양제가 될 수 있다.

**오늘의 지능 영양제**

- 꼭 진짜 악기로 연주하지 않아도 된다. 다양한 사물을 두드리거나, 자녀가 부모와 직접 만든 악기를 연주해도 좋다.
  단, 잊지 말아야 할 것은 멜로디와 리듬을 기억하고 반복해서 연습하는 것이 창의 지능에 도움이 된다는 점이다.
- 악보를 만드는 연습을 해보라. 창작은 창의 지능의 기본이다.
- 다루기 어려운 악기보다 쉬운 악기부터 시작하라. 욕심은 자녀보다 부모가 더 큰 법이다.

악기 연습을 열심히 하고 마침내 뽐낼 정도로 연주할 수 있게 되면 아이의 자존감이 올라간다. "잘한다"고 칭찬을 받으면 더 열심히 연습하고 다른 곡도 연주해보는 등 끈기와 의욕도 생긴다. 따라서 복잡하거나 어려운 곡보다는 쉽고 기초적인 악보를 함께 만들어 연주해보자. 그러면 아이에게 음악에 대한 호기심과 긍정적인 감정이 생겨날 수 있다. 이후 혼자서 곡을 만들어보거나 가사를 쓰는 등 자기만의 창작물을 만드는 계기가 되기도 한다.

# 악기를 다루는 것은 창의 지능의 원천이 된다

## 04 자녀가 스스로 무언가를 추천하고 제시하도록 유도하자

내가 잘 알고 있는 정보를 타인에게 알려주거나 추천하게 되면 정보가 한 번 더 정리되며 더욱 공고해지는 효과가 있다. 남에게 무언가를 알려줄 때는 그 정보가 정확해야 한다는 부담이 생기기 때문이다. 확실하고 오해 없는 정보를 알려주기 위해 거듭 검증을 하는 과정에서 알고 있는 것을 다각도로 살펴보며 창의적 사고를 할 수 있는 계기가 된다.

또 정보를 듣고 있는 상대방의 생각을 살피고 이해하며 잘 받아들이는지 분석하는 동안 사회 관계성 지능 역시 발달한다.

### ★ Dr. 처방

"엄마가 어떤 것을 하면 좋겠니?"처럼 아이가 의견을 말할 수 있는 질문을 하자! 아이가 부모에게 추천해주고 싶은 것이 있다면, 분명 아이가 잘 알고 있는 것 중 하나일 것이다. 잘 모르는 것을 추천할 수는 없기 때문이다. 부모에게 제대로 된 정보를 알려주기 위해, 다양한 방법으로 열심히 탐구하는 의지를 보일 것이다.

**오늘의 지능 영양제**

- 엄마가 어떤 구두를 신으면 좋겠니?
- 아빠가 어떤 옷을 입으면 좋겠니?

아이가 의견을 말하면 왜 그것을 추천하는지 묻고 서로 생각을 나눠보자. 단, 아이의 의견이 부모와 다르다 하더라도 평가하거나 꾸짖지 않는다. 엄마가 한겨울에 코트를 입었는데 아이가 샌들을 신으라고 한다며 말도 안 된다고 화낼 일이 아니다. 아이는 그 샌들이 엄마 신발 중에 가장 예뻐 보일 수도 있고, 그 신발과 코트가 어울린다고 생각할 수도 있기 때문이다. 최대한 공감하며 받아들여 주고, 부모의 의견도 아이에게 이야기해주어 주변 상황이나 주변을 인식하는 등 생각을 발전해나갈 수 있는 힘을 키워주자.

# 자녀가 스스로 무언가를 추천하고 제시하도록 유도하자

## 05 사람에 대한 흥미를 유발하자

우리의 뇌는 새로운 자극을 받으면 더욱 활성화되어 창의적인 두뇌로 진화한다. 사물과 환경을 접하면서도 새로운 자극을 받지만, 특히 사람을 대하며 느끼는 새로움과 흥미에서 많은 자극을 받는다.

누군가를 처음 만난다고 하면, 그가 어떤 사람일지를 미리 예상하고 어떻게 말하고 행동할지 생각해보면서 다양한 호기심이 생긴다. 누군가를 직접 만나거나 책과 TV 등 다른 매체로 접하는 때도 그가 어떻게 말하고 행동하는지, 나는 어떻게 생각하는지, 다시 무수한 호기심에 휩싸인다.

사람은 개인별로 특성이 다양하고 변수도 많아서 어느 정도는 두려움이나 공포도 같이 경험할 수 있지만 새로운 호기심을 발동시킨다는 긍정적인 영향이 크다.

### ★ Dr. 처방

다양한 인종과 다양한 문화, 개개인의 각기 다른 성격과 기질 등은 우리 아이에게 좋은 학습 기회가 되며 두뇌 영양제가 된다. 사람들과 원활하게 소통하며 교감하는 시너지가 발생하면서 교차적 지능이 활성화되고 다양한 지능이 함께 발달한다. 창의적 지능은 다양성 지능이 발달할 때 더욱 활발하게 계발될 수 있다.

**오늘의 지능 영양제**

- (함께 잡지나 사진을 보면서) **이 사람은 누굴까? 어떤 생각을 하는 것처럼 보이니? 지금 어디를 보고 있을까?**
- (특정 상황을 설명한 뒤) **네가 이 사람이라면 지금 뭐라고 말할까? 어떤 행동을 할까?**
- (에디슨 또는 아인슈타인의 위인전을 함께 읽으며) **너는 무엇을 발명하고 싶어?**

사람은 저마다 특성이 다양하기 때문에 소통하고 교감하려면 호기심을 불러일으킬 질문이나 마음을 읽을 수 있는 질문을 해야 한다. 아이가 답하고 난 뒤 부모의 생각도 함께 공유하면 여러 지능이 발달하는 효과가 더욱 커진다.

# 사람에 대한 흥미를 유발하자

## 06 동기부여는 창의적인 생각의 씨앗이다

"만일 당신이 배를 만들고 싶다면, 사람들을 불러 모아 목재를 가져오게 하고 일을 지시하고 일감을 나눠주는 등의 일을 시키지 말라. 대신 저들에게 저 넓고 끝없는 바다에 대한 동경심을 불러일으켜라."

《어린 왕자》의 저자 생텍쥐페리가 남긴 말이다. 그의 말처럼 강력한 동기만 있어도 스스로 창의적인 생각을 하고 그것을 기반으로 목표를 달성할 수 있다. 동기부여는 마치 숨겨진 에너지와 열정을 튼튼히 엮어놓은 연결 고리 같아서 폭발적인 창의적 에너지를 이끌어낸다.

### ★ Dr. 처방

부모는 아이가 호기심을 느끼고 무언가에 관심을 보일 수 있도록 동기를 부여해야 한다. 동기부여가 되면 스스로 그것을 반드시 해내겠다는 의지가 생기고, 목표를 달성하기 위해 다각도로 방법을 고안하고 시도하는 창의적 사고가 발달한다.

**오늘의 지능 영양제**

- **책 《15소년 표류기》를 보는 상황**
  우와! 어린 친구들이 이런 힘든 상황에서도 잘 대처하는구나! 우리 ○○(아이 이름)도 잘할 수 있을 텐데, 그렇지? (부모의 오버 액션이 필요하다)
- **슈바이처 전기를 읽는 상황**
  엄마 아빠에게 힘이 되고, 어려운 친구들을 잘 돕는 우리 ○○(아이 이름)는 슈바이처 박사를 닮았네. 이런 행동을 하면 어떤 사람으로 성장할 수 있을까?

동기부여의 중요성을 알아도 지속적으로 하지 못하거나, 은근하게 강요하기가 쉽다.

중요한 것은 아이가 꾸준히 무언가에 관심을 갖고 동기부여로 이어지도록 최소 주 2회 정도 관련 주제나 이슈를 계속 접할 수 있는 환경을 자연스럽게 만들어주는 것이다. 또는 동기부여가 되도록 특정인을 직접 만나거나 특정 장소에 가보는 것, 눈높이에 맞는 자료를 보면서 토론을 하는 활동 등을 해볼 수도 있다.

창의적 지능은 아이가 직접 눈으로 보고 생각하고 의지를 불태울 수 있는 환경에 있을 때 발달한다. 막연하던 상황이 구체적인 현실로 다가오면 동기부여가 더 효과적으로 이루어지기 때문이다.

동기부여는 창의적인
생각의 씨앗이다

## 07 어려운 문제를 접하고 해결하게 하자

아이가 어려운 과제나 힘든 문제를 풀 수 있도록 지속적으로 관심과 자극을 주어야 한다. 당장은 부담스러워도 해내고 나면 오히려 심리적으로 쾌감을 느끼기 때문에 자연스럽게 어려운 문제에 대한 호기심을 불러일으킬 수 있다.

다양한 종류의 어려운 문제를 풀다 보면 지능이 전반적으로 높아져 학문을 깊이 있게 배울 수 있는 호기심과 창의적 지능이 생길 가능성이 아주 크다.

### ★ Dr. 처방

처음부터 쉬운 문제는 없다. 문제를 해결하고 그 과정이 학습되고 반복되면서 쉬운 문제로 인식하는 것이다. 아이들도 마찬가지다. 그래서 어려운 문제를 접하고 푸는 과정이 꼭 필요하다.

어려운 문제를 접하면 스트레스 지수가 올라갈 수도 있다. 아이에게 이 과정을 극복할 수 있는 팁을 주고 잘 실행하게 한다면 다음번엔 스스로 어려운 상황을 이겨내는 최고의 두뇌로 성장할 것이다.

**오늘의 지능 영양제**

- **운동화 끈을 묶는 법을 알려주고 보여주어 직접 해보게 하거나, 선물 포장법을 알려주고 직접 매도록 해본다.**
- **난도를 높여서 기존에 하던 놀이**(공기놀이, 젠가놀이, 카드놀이) **등을 새로운 놀이 형태로 응용하면 기존의 틀을 깨고 새로운 틀을 만들면서 창의력이 높아진다.**

예: 공기놀이의 종류

다섯 알 공기

한 알 집기 → 두 알 집기 → 세 알 집기 → 네 알 집기 → 꺾기를 한다.

터널 공기

왼손을 바닥에 대고 터널 모양을 만든 다음 오른손으로 공기 한 알을 위로 던지고 그 공기가 바닥에 떨어지기 전에 바닥에 있는 공기를 잡아 손 터널 안에 넣는 것이 다섯 알 공기와 다르다.

코끼리 공기

손 모양을 코끼리 코처럼 해서 한 알 집기부터 꺾기까지 한다. 그러나 꺾기 단계는 위에서 낚아채면서 잡는 것이 아니라 뒤집어서 쉽게 잡는다.

바보 공기

위로 한 알을 던지되 땅에 떨어진 것은 잡고 위에 던져진 것은 받지 않는다. 꺾기도 코끼리 공기처럼 뒤집어서 잡는다.

아이들에게는 어려운 문제를 쉽게 생각하여 스트레스를 받지 않고 해결해나가려는 능력이 있다. 이러한 강점을 인식해, 어느 정도 어려운 문제를 제시하고 해결해나가도록 유도하는 것이 좋다. 그리고 이러한 능력을 키워주려면 아이에게 놀이에 관한 정보나 힌트를 주고 뒤로 물러나 있어야 한다. 아이가 스스로 문제를 풀 수 있도록 지원해주는 것이 부모의 역할이지, 조바심을 내거나 쉽게 풀어주려고 나서면 안 된다. 아이가 자기 스스로 문제를 해결했다고 생각하는 성취감이 있어야 한다.

보상도 동기부여에 있어 좋은 방법인 것은 분명하다. 그러나 결과에 따른 보상은 아이를 수동적으로 만들 수 있다. "이 문제를 풀면 과자 줄게, 여기까지 하면 선물 사줄게" 등으로 아이를 달래기보다 풀어나가는 과정을 공감하고 칭찬해주어 아이 스스로 성취감을 느끼는 자체가 보상이 되어야 좋다. 일과 속에서 찾는 즐거움이 가장 큰 보상이라는 것에 아이 스스로 동의할 수 있게 유도한다.

아이의 문제 해결 능력은 지속적으로 증폭되기 때문에 처음 시작이 중요하다. 어려운 과제에 꾸준히 도전할 수 있도록 적절하게 잘 도와야 한다.

## 어려운 문제를 접하고 해결하게 하자

## 08 엉뚱하고 낯선 생각으로 정해진 틀을 깨게 하자

아주 매력적인 능력 중 하나인 '낯설게 생각하기'는 정해진 틀을 깨고 엉뚱하게 생각하고 행동하면서 더욱 창의적인 사고로 이끈다. 잘 아는 길 대신 새로움을 개척하는 도전적 진화 과정으로 볼 수 있다.

낯설게 생각하기는 잘 알고 있는 쉬운 행동 패턴(정답)을 뒤로하고 색다른 답을 찾기 위해 노력하는 것으로, 그 과정에서 창의적 지능이 발달한다.

보통 두뇌는 '항상 같은 결과는 없다'고 인식한다. 낯선 생각을 통해 여러 해결 방법을 모색하면 이 같은 두뇌의 인식과 부합하기 때문에 오히려 심리가 안정된다. 특히 아동은 한 가지 해결 방법에만 몰두하기 쉬워서 부모가 '낯선 생각'을 할 수 있도록 도와준다면 아이의 창의 지능을 깨우는 기초가 마련될 것이다.

### ★ Dr. 처방

아이는 보통 결과를 예측할 수 없는 상황에서 엉뚱한 생각을 많이 한다. 결과가 명확한 일에도 '낯선 생각'을 하도록 돕는 것이 중요하다.

또한 아이는 무엇이든 잘될 것이라는 낙관적인 생각을 많이 한다. 도전 경험이 적고, 실패 경험도 많이 없기 때문이다. 따라서 다양한 답을 찾고 더 많이 성공하는 경험이 쌓이면서 점차 더 긍정적으로 사고할 수 있다.

**오늘의 지능 영양제**

- 집으로 가는 길은 대개 정해져 있지만 다소 돌아가더라도 새로운 길로 가보거나, 제주의 올레길처럼 집부터 어린이집, 유치원, 학교까지 이어지는 골목들을 이어서 우리 가족만의 길 이름을 붙여본다.
- 답을 누구나 다 아는 문제라도 다른 답을 해서 왜 그런 대답을 했는지 의견을 말해본다. 예를 들면 1+1=2가 아닌 '0'이라고 답하면서 빵 두 개가 있어도 배고파서 먹어버리기 때문에 하나도 남지 않는다는 답을 할 수도 있고, 1+1=10이라고 답하고 너와 내가 웃으면 주변 열 사람이 함께 웃기 때문이라는 설명을 할 수도 있다.
- 아이가 좋아하는 것이라 하더라도 유튜브, 인터넷 등을 통해 다양한 정보를 공유한 뒤 의문을 가져보고 세상에 참 많은 것이 있다는 것을 알려주면서 새로운 것을 찾아보며 함께 토론하면 좋다.

창의 지능은 다양성 적응 논리 영역에 해당하는 지능으로 나이, 성, 성격 등에 따라 아이가 호기심을 많이 보이는 영역의 문제부터 낯설게 생각하는 훈련을 시작하는 것이 적절하다. 하나의 답 이외에 다른 답을 떠올리지 못한다면 부모가 다양한 답의 예시를 제시해도 괜찮다. 생각을 거듭할수록 역량이 강화되기 때문에 주 1~2회 정도 꾸준히 하는 것이 좋다.

엉뚱하고 낯선 생각으로 정해진 틀을 깨게 하자

## 09 새로운 문제 접근 방식을 찾아보자

부모들은 정답 혹은 문제 해결책을 그대로 아이에게 알려주지 말아야 한다. 답이 하나더라도 그 답에 다양하게 접근하게끔 "이것 말고는 없을까?"라며 사고를 확장하는 방법을 배우도록 돕는다. 정해진 결과로만 국한되지 않게 부모는 문제 해결 과정에 늘 신경을 써야 한다. 스스로 배우고 다양한 해결 방법을 터득하는 아이들의 고유한 강점을 망치지 말아야 한다.

한 가지 상황이나 과제에 대해 다양한 접근 방식으로 문제를 해결할 수 있도록 부모가 적극 지지해준다면 창의 지능에서 아주 중요한 상황 판단 인식 지능과 문제 해결 지능이 높아질 수 있다.

### ★ Dr. 처방

아이들은 종종 쉬운 일을 어렵게 해결할 때가 있다. 말로 하면 될 것을 울며 떼부터 써 야단을 맞는 일도 허다하다. 아이들은 문제 해결 능력에서 가장 강력하다고 생각되는 것을 먼저 실행하기 때문이다. 따라서 문제를 해결하는 다양한 방법을 습득할 수 있게 돕는다면 아이들도 상황을 올바르게 인식하고 행동하는 멋진 능력을 갖게 될 것이다.

**오늘의 지능 영양제**

- 여기 사과가 있어. 어떻게 먹으면 좋을까? 다양한 방법이 있을 것 같아. 내 생각에는 그냥 씻어서 껍질째 먹을 수도 있고 예쁘게 깎아서 통째로 먹을 수도 있어. 나처럼 한입 크기로 작게 잘라서 먹을 수도 있지. 사과를 믹서기에 넣고 갈아 마실 수도 있어. 너는 어떻게 생각하니? 사과를 맛있게 먹는 방법을 누가 더 많이 말할 수 있는지 이야기해볼까?
- "만약 친구가 길을 잃었다면 어떻게 하겠니? 알고 있는 답을 말해줘"라고 말한 뒤 자녀의 대답을 듣고 또 다른 답을 찾아 다르게 생각하도록 유도한다.

다양한 문제 해결 방법을 떠올리고 함께 이야기를 나눠도 충분히 흥미로운 놀이가 될 수 있으며 이 과정에서 문제 해결 지능이 발달되고 창의성이 높아진다. 더불어 아이는 부모와 같은 주제로 이야기를 나누는 과정에서 부모와 교감한다고 느끼기 때문에 심리 건강과 정신 건강에도 큰 도움이 된다.

새로운 문제 **접근 방식**을 찾아보자

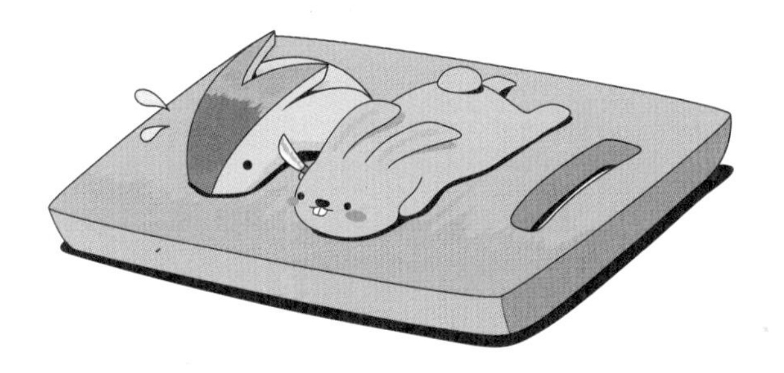

## 10 새로운 경험을 끊임없이 하게 하자

인간은 본래 창의적으로 생각한다. 100퍼센트 만족하는 일이 거의 없기 때문이다. 무언가가 마음에 들지 않거나 부족하다고 느끼면 어떻게 해야 더 좋아질지 호기심을 갖고 해결해나가며 진화를 거듭해 왔다. 즉, 창의적으로 발전할 수 있는 두뇌는 이미 갖고 있다. 어떻게 활용하고 발전시킬지가 관건이다.

창의적으로 생각할수록 대상에 대해 다각도로 파고든다. 점점 세부적으로 분석하고 창의적인 생각을 해내면, 신경조직이 더욱 촘촘해져 점점 빠르고 쉽게 무언가를 떠올리고 해낼 수 있게 된다. 새로운 것을 발견했다는 쾌감도 느낄 수 있다.

뇌는 인체에서 에너지가 가장 풍부한 기관으로 쉬지 않고 활동한다. 그렇다고 뇌가 너무 지칠까 걱정하지 않아도 된다. 뇌와 신체적 활동은 별개로, 신체적으로 활동하지 않아도 뇌는 끊임없이 움직인다. 뇌의 무한한 에너지를 어떻게 잘 활용하고 운영하는가에 따라 아이의 창의적 지능이 발달하며 미래가 달라진다. 성장기에는 끊임없이 새로운 경험을 하는 것이 뇌의 활동과 창의적인 생각을 할 수 있는 단초가 된다.

### ★ Dr. 처방

아이는 반복적인 학습으로 뇌를 안정화한다. 더불어 새로운 환경, 새로운 놀이, 색다른 행동을 하는 것 또한 중요한 창의적 영역이며 뇌를 다양하게 활용하는 방법이다. 새로운 것을 운영할 수 있는 능력이 생긴다면 창의적 지능을 바탕으로 신체 행동화가 활성화되어 의지가 높아지는 효과도 있을 것이다.

**오늘의 지능 영양제**

- 역할 놀이로 부모와 아이의 역할을 바꿔서 상황극을 해본다.
- 다 아는 동화의 결말을 바꿔서 이야기를 만들어보자. 인어 공주가 물거품이 되지 않았다면 어떻게 되었을까? 〈토끼와 거북이〉에서 토끼가 잠을 안 잤다면 경주에서 이겼을까? 혹은 토끼나 거북이가 되어서 직접 동물의 마음을 이해해본다.
- 함께 듣던 노래를 새롭게 개사해 불러보자.
- 아이의 방을 월별로 콘셉트를 정해 인테리어를 조금 바꿔주자. 커튼이나 책상보, 침구류를 교체하거나, 가구 배치를 바꾸거나, 화분을 놔주는 등 한 가지씩 변화를 주는 것만으로 충분하다.

아이들은 기존에 하던 놀이를 반복적으로 즐기면서 즐거움을 찾는 경향이 있다. 같은 놀이라도 부모와 상의해 놀이의 방식을 조금씩 다르게 해서 새로운 경험을 느끼게 한다면, 새로운 놀이를 고안할 필요가 없어 부담이 줄어든다. 예를 들어 바둑알이 있다면 바둑도 두지만 오목도 할 수 있고 알까기도 하는 등 다양한 놀이를 즐길 수 있다. 아이들은 바둑알 하나로 여러 가지 놀이를 즐기며 덜 지루해하고 새로운 게임을 만들어보려고 노력하게 된다.

새로운 경험을 끊임없이 하게 하자

## 2

정확한 판단력과 관찰력을 키우는

# 논리 지능 영양제

## 01 주머니 속의 사물을 맞히는 게임을 해보자

속이 보이지 않는 주머니 혹은 작은 상자 속에 내가 모르는 물건이 담겨 있다고 해보자. 과감하게 손을 넣어 쉽게 그 물건을 꺼낼 수 있을까? 사람은 대부분 보이지 않는 것에 대해 두려움을 느끼는 동시에 호기심을 보인다. 이 감정은 뇌의 대뇌피질에 자극을 주어 지능에 아주 긍정적인 영향을 미친다.

**★ Dr. 처방**

아이들은 두려움과 호기심이 왕성하다. 속이 보이지 않는 상자에 손을 넣는 행동은 알지 못하는 새로운 것에 대한 도전이며 그 자체가 뇌에 학습되어 더 나은 해결책을 찾는 역량을 강화한다.

**오늘의 지능 영양제**

- 상자 혹은 주머니 속의 물건을 보지 않고(눈을 감고) 맞히는 훈련을 한다.
- 촉감이 다양한 물건을 만져보게 한다. 모래처럼 손 사이로 쓱 빠져나가는 것, 콩처럼 동그랗고 단단한 것, 나무 블록처럼 단단한 질감, 스폰지처럼 폭신폭신한 것 등을 준비한다.
- 역할을 바꿔서 아이가 직접 물건을 준비해 주머니에 넣고 부모님이 맞혀본다.
- 불투명한 컵에 물건을 담아놓고 무엇이 들었는지 스무고개로 답을 유추해 맞혀본다.

아이들은 잘 모르는 것이 숨겨져 있다는 생각에 얼마쯤 두려워하기도 하지만 재미와 놀이라는 인식이 생기면 심리적으로 안정되어 흥미롭게 참여한다.

여러 컵들 속에 숨겨진 물건을 마치 스무고개 하듯 질문하고 유추하는 상황을 여러 번 반복하면 추리력과 논리력 등을 계발할 수 있다.

주머니 속의 사물을 맞히는 게임을 해보자

## 02 퍼즐 놀이로 공간 지각 능력을 발달시키자

뇌의 능력 중에는 사물을 분석하고 재구성하는 능력이 있다. 특히 경험한 내용을 체계적으로 분석하고 여러 방법으로 정리하고 저장해서 기억을 보존한다. 이것은 공학적 지능에 기초한 것으로, 다양한 상황에 대한 이해와 상황에 따른 행동을 수학적 확률로 평가한다. 이를 바탕으로 필요한 기억을 분석하고 정리하는 것이다.

### ★ Dr. 처방

아이들은 퍼즐 놀이나 블록 쌓기, 미로 찾기 등을 하면서 자기도 모르게 공간 이론과 공학적 패턴 등을 학습한다. 이러한 놀이에 흥미를 느끼고 반복적으로 하다 보면 후에 다른 공간 지각 능력을 발휘해야 할 때 더 수월하게 해낼 수 있는 의지가 생긴다.

**오늘의 지능 영양제**

- 자녀와 함께 그림을 그리고 완성된 그림을 사진으로 찍어 보관한다. 그림을 자유롭게 다양한 모양으로 자른 다음 그 조각들로 퍼즐 놀이를 즐길 수 있다.
- 미로를 직접 그려보게 하고 부모와 함께 미로 찾기 놀이를 하면 좋다.

공학적 놀이를 하면 추리력과 논리력이 증강된다. 그림을 그리고 오리고 끼워 맞추는 과정에서 그림을 하나의 '공간'으로 인식하기 때문이다. 즉, 빈 공간이 채워지고 재배열되는 과정을 통해 그때그때 상황을 인식하고 판단하는 능력이 발달한다.

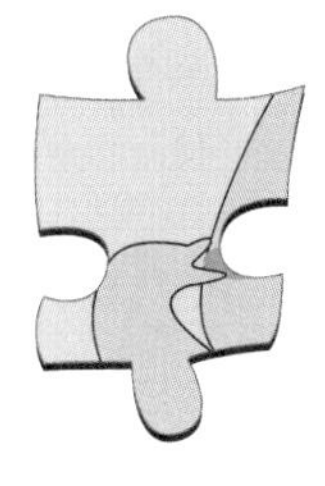

퍼즐놀이로
공간 지각능력을
발달시키자

## 03 일상 속에서 쉬운 암산을 자주 하게 하자

쉬운 사칙연산 같은 문제를 푸는 것은 본격적으로 어려운 문제를 풀기 전, 뇌를 집중할 수 있는 상태로 만든다. 또 쉬운 문제를 풀면서 문제 풀이에 익숙해지면 조금 더 어려운 문제를 마주해도 크게 당황하지 않는다. 아무리 쉬운 연산이라도 반복해서 계산하고 실생활에서 계속 응용하면, 자신도 모르게 연산 훈련이 되고 암산 지능이 높아지기 때문이다. 습관을 들이는 것이 쉽지는 않겠지만 꾸준히 노력한다면 쉬운 암산이라도 놀라운 효과를 가져다준다.

### ★ Dr. 처방

아이와 같이 있을 때 쉬운 수학 문제를 반복적으로 접하고 풀어 보는 훈련을 할 수 있도록 도와주자. 생활 속에서 적절한 상황을 활용해 아이 수준에 맞는 연산을 암산하게 한다면 아이의 공학 지능은 점차 발달할 것이다. 이렇게 작은 행동 습관으로도 얼마든지 아이의 지능을 높여줄 수 있다.

**오늘의 지능 영양제**

- 제과점에서 아이에게 먹고 싶은 빵의 종류와 개수를 물어보고 직접 계산할 수 있게 한다.
- 마트에서 물건을 살 때 아이에게 물건 값의 합을 암산해보게 한다.
- 밥을 할 때 쌀의 양, 물의 양을 알려주고 완성된 밥도 보여주어 불어나는 것을 직접 볼 수 있게 해준다.

아이에게 암산을 시킬 때는 아이의 특성을 알아야 한다. 집중을 잘 못하는 아이들은 생각을 계속 이어가는 것을 어려워한다. 부주의하기까지 하면 듣고 보는 과정에서 정보를 빠뜨리거나 바꾸어버리거나 헛듣는 실수를 하기도 한다. 그런 아이라면 암산은 되도록 시키지 않는 편이 좋다. 종이에 직접 풀지 않고 머릿속으로 대충 계산하면 실수가 훨씬 많이 생기기 때문이다.

암산의 가장 간단한 방법으로는 아이와 함께 마트에 갈 때 쉬운 연산을 유도하면 혼자서 계산할 수 있다는 성취감을 느끼고 자신감이 생긴다. 암산을 재미있는 놀이로 인식하여 암산을 습관화할 수도 있다.

가정에서도 쉬운 연산 문제를 내주고 결과에 따라 칭찬이나 작은 선물을 한다면 긍정적인 자극을 받아 암산을 즐기고 숫자를 다루는 것을 부정적으로 여기지 않게 되어 공학 지능 발달을 도울 수 있다.

일상 속에서 쉬운 암산을 자주 하게 하자

## 04 과제는 조금씩 자주 주는 것이 좋다

누구나 거대한 과제가 주어지면 당황하고 겁먹기 마련이다. 성장기에는 더더욱 그렇다. 스스로 해결하기 어려워 보이는 일이 한번에 닥치면 겁먹고 제대로 대처하지 못해 실패하고 좌절하기 쉽다.

그러니 되도록 같은 일이라도 전체 과정을 조금씩 분리해 하나씩 제시해주자. 그러면 아이는 덜 당황해하고 조금씩 성취해나가면서 자신감을 얻을 수 있다. 거듭 과제를 해결해가다 보면 비슷한 문제는 익숙한 패턴을 활용해 풀고 나아가 더 어려운 문제를 풀 수 있는 힘도 생긴다.

### ★ Dr. 처방

칭찬은 고래를 춤추게 한다고 하지만 춤추게 하는 칭찬은 따로 있다.

1. 일관성 있게 칭찬한다.

도와주려는 아이에게 하루는 고맙다고 하고, 하루는 귀찮게 하지 말라고 하면 아이는 자신의 행동이나 판단에 자신감을 갖지 못하게 된다.

2. 칭찬할 때는 칭찬만 한다.

아이가 정말 열심히 하다가 작은 실수를 했을 때 "이건 잘했어, 그렇지만" 하는 식으로 지적하며 혼낸다면 아이는 칭찬을 받는 것인지 야단을 맞는 것인지 모르고 상처받는다. 이런 일이 자주 일어나면 부모가 아무리 칭찬해도 자신감을 잃고 주눅이 든다.

3. 진심으로 칭찬한다.

아이가 잘했다고 생각할 때 칭찬하자. 아이가 과제를 다 못 하거나, 그림을 못 그렸다고 생각하는데, "참 잘했다"라고 칭찬하면 오히려 부모에 대한 신뢰가 떨어지고 아이에게 열등감을 조장할 우려가 있다. 이런 경우는 "열심히 했구나. 네가 열심히 하는 모습이 참 좋다"고 말해주는 것이 좋을 것이다. 진심을 담지 않고 건성으로 칭찬하면 아이는 열심히 할 동기까지 잃어버릴 수 있다.

**오늘의 지능 영양제**

- 식사 때 수저를 놓는 일, 가족들의 물컵에 물을 따르는 일, 동생을 돌보는 일, 신발 정리, 분리수거 등 소소한 심부름이나 가족의 일상적인 일을 자주 함께 하면 두뇌가 건강해진다. 자신이 해야 할 일과 그 일을 했을 때 어떤 상황과 변화가 있는지 분석하게 되기 때문이다.
- 과제를 해결할 때마다 적합한 칭찬을 어투나 문구를 바꿔가면서 해주면 아이가 각각의 칭찬을 다르게 인식하는 효과가 있어 꾸준히 문제 해결을 해나가는 자극제가 될 수 있다.
- 다양한 주머니를 만들어 '칭찬 주머니'라고 이름 붙인다. 그 주머니 안에는 부모의 손편지나 과자, 하고 싶은 놀이 쿠폰 등 작은 선물들을 넣어둔다.

아이들이 소소한 과제를 해내게 하려면 먼저 동기부여에 신경 써야 한다. 소소한 과제를 해냈을 때 칭찬을 하는 등 상을 주는 것이 중요하다. 칭찬의 방식이나 내용을 바꿔서 여러 번 칭찬해주면 새로운 칭찬을 듣는 것 같은 생각이 들기 때문에 자존감도 올라가고 과제에 대한 부담도 없어진다. 더불어 칭찬받는 일에 익숙해지면 부정적 사고도 줄어들 수 있다.

하나의 과제를 조금씩 나눠 주면 더욱 많은 뇌 신경조직이 활성화된다. 그 덕에 과제를 받아도 점차 스트레스를 덜 받고 목적을 달성하기 위한 기초도 튼튼해진다.

# 과제는 조금씩 자주 주는 것이 좋다

## 05 복잡한 것을 암기하게 하여 단기 기억을 증강시키자

뇌에는 다양한 기억 장치가 있다. 특히 단기 기억은 지능 발달에 기초적이면서 아주 중요한 역할을 담당한다. 이러한 단기 기억을 '기초 지능' 혹은 '순수 지능'이라고 하는데 다소 어렵고 복합적인 것을 반복적으로 접해 기초 기억을 훈련하면 지능을 획기적으로 높이는 데 도움이 된다. 특히 색, 도형, 글씨가 조합된 정보를 외우는 것은 구조나 형태 등을 습득하는 데 발휘되는 공학적 지능을 계발하는 역할을 한다.

### ★ Dr. 처방

조금 어렵고 복합적인 것을 제시하면 누구나 스트레스를 받는다. 그런데 스트레스가 나쁜 것만은 아니다. 그 자극을 어떻게 받아들이느냐에 따라 좋은 스트레스eustress도 되고, 나쁜 스트레스distress도 된다. 사람들은 저마다 자신의 성격이나 처한 상황에 따라 스트레스를 받아들이는 자세가 다르다. 똑같은 상황인데, '힘들지만 극복할 수 있다'고 생각하면 좋은 스트레스를 받은 것이고, '힘들어서 우울하고 화가 난다'고 생각하면 나쁜 스트레스를 받은 것이다. 그래서 평소 부모의 양육 태도나 말투가 중요하다. 날씨가 더우면 "날씨가 더워서 짜증 나고 힘드네"라고 말할 것이 아니라 "날씨가 더우니 물놀이도 할 수 있고, 아이스크림도 더 맛있는 것 같아"라고 말하며 나쁘기만 한 상황은 없다는 것을 알려주는 것이 좋다.

**오늘의 지능 영양제**

- 여러 색깔과 모양(세모, 네모, 동그라미, 반원 등)의 도형 안에 숫자 혹은 글씨를 쓰고, 그 조합을 하루에 하나씩 외우게 한다. 5일 이후 확인하여 모두 외웠다면 칭찬을 한다.
  첫째 날, 붉은 세모 속 코끼리.
  둘째 날, 파란 동그라미 속 앵무새.
  셋째 날, 노란 네모 속 눈물.
  넷째 날, 검은 반원 속 눈사람.
  다섯째 날, 분홍 별 모양 속 숫자 6.
- 5일 동안 외우게 한 후 얼마나 기억하는지 확인한다. 모두 암기하면 이 같은 방법으로 다른 조합을 기억하게 한다.

모든 교육은 아이의 현재 수준보다 반걸음 앞서간다고 생각하자. 아이가 너무 어려워하면 무조건 시키지 말고 난이도를 조절해 흥미를 유발해야 한다.

복잡한 것을 암기하게 하여
단기 기억을 증강시키자

# 06 눈으로 보고 귀로 듣고 손으로 적게 하자

사람의 뇌는 눈을 통해 가장 많은 정보를 접한다. 시각으로 받아들인 정보는 귀에서 소리로 다시 한번 확인하고 정리한다. 다시 손으로는 정보를 글로 적고, 확인하게 된다. 이처럼 우리는 눈, 귀, 손 등 여러 감각기관으로 정보를 받아들이면서 정보 습득력을 높여 지능을 최상으로 끌어올린다. 다양한 감각이 통합하는 과정을 거치며 정보가 뇌에서 체계화되고, 점차 어떤 정보도 척척 받아들이는 능력이 발달한다.

### ★ Dr. 처방

아이들의 언어 발달에서 가장 중요한 첫 시기는 12개월 즈음이다. 아이들은 이때 자동차라는 사물을 보면서 그것이 '자동차'라는 이름으로 불린다는 사실을 알게 된다. 사물과 사물에 대응하는 명칭을 이해하게 되는 것이다. 그다음으로 중요한 시기는 18~24개월이다. 이 시기에는 단어로 자신의 의사를 표현할 수 있다. “엄마, 물”, “이거 뭐야?” 같은 두 단어로 자신이 원하는 것을 표현할 수 있다. 이렇게 아이는 언어가 발달하는 과정을 거쳐 5~6세 때는 정확한 언어를 구사하려 하고, 부모 등 자신과 관련된 사람과의 관계를 파악해 말하려 한다.

아이의 언어 발달을 위해 부모는 무엇을 하면 좋을까? 먼저 부모 생각에 얼토당토않은 말이라고 여겨 아이 말을 부정하거나 고치려 하지 말자. ‘택시’를 보고 ‘모자 쓴 자동차’라고 부르거나, ‘사자’를 보고 ‘해바라기를 닮은 큰 개’라고 부르더라도 재미있는 생각이라고 칭찬해준다. “저 모자 쓴 자동차는 사람들이 잘 알아보라고 모자를 썼어. 이름은 택시야!”, “저 털이 해바라기와 닮았구나. 이름은 사자야, 초원에 살아”라고 얘기해주는 것이 좋다. 그렇게 언어적 융통성을 칭찬해주고 사실을 들려주면 언어 발달에 도움이 된다.

**오늘의 지능 영양제**

- **동화를 읽고, 동화의 내용을 그림으로 그리고, 독후감을 쓰는 활동을 해보자. 그림을 오려서 놀이를 하는 것도 추천한다. 읽고, 보고, 만들고, 놀이하는 과정에서 지능이 발달한다.**
- **덧붙여 동화를 읽는 과정에서 엄마와 아이가 한 문장씩 읽어 내려가면 좋다. 특히 내용뿐만 아니라 동화의 삽화에 대해서도 대화를 나눠보자. 내용과 삽화가 어떻게 연결되는지, 삽화의 색깔은 어떤지 등 말할 수 있는 내용이 더욱 풍부해진다.**

책 읽어주기는 부모가 꼭 해야 하는, 상당히 좋은 지능 교육이다. 소리 내어 읽어주는 동안 그에 맞는 동작을 표현하는 등 아이가 다양한 감각기관을 활용할 수 있도록 도와주자.

바쁘고 힘들더라도 아이에게 텔레비전이나 유튜브, 동영상 등 불필요한 기계음을 지나치게 들려주지 않도록 한다. 아이가 기계음의 말이나 음악 소리에 노출돼, 상대방의 말을 집중해서 듣지 않는 버릇을 들이게 된다. 말하는 것도 중요하지만 청각 주의력을 높이는 것도 언어 발달의 중요한 부분이기 때문이다.

눈으로 보고 귀로 듣고
손으로 적게 하자

## 07 메모하는 습관은 논리력을 키운다

기록하는 습관은 우리 모두에게 상당히 중요하다. 특히 시행착오를 줄이는 데 큰 도움이 된다. 기억을 상기시켜 오류를 바로잡고 빠르고 바르게 판단하도록 돕는다. 메모는 좋은 아이디어를 떠올리게 하는 단초가 되기도 하며 미리 계획한 일들을 잊지 않고 해결하게 한다.

★ **Dr. 처방**

아이들은 실수를 할 수도 있지만 사소한 것이라도 메모하는 습관을 들이면 같은 실수를 반복하는 일이 줄어든다. 또 중요한 일은 잘 메모해두면 잊지 않고 기억할 수 있다.

여러 색깔 펜으로 글씨를 쓰거나 밑줄을 치면 흥미를 느껴 메모하는 습관을 들일 확률도 높아진다. 이는 시각적 효과로 메모를 놀이처럼 만드는 작업이다.

**오늘의 지능 영양제**

- 다양한 색과 형태의 메모지나 알림장을 만들어 놀이하듯 많은 것을 메모해본다.
- 아이가 부모의 일정, 혹은 자신의 일정을 메모해 냉장고에 붙인 다음 가족들과 내용을 공유하게 한다.

아이들은 무엇이 중요하고 중요하지 않은지를 쉽게 파악하지 못할 수도 있다. 그저 부모에게 야단맞으면 중요한 일, 야단맞지 않으면 그다지 중요하지 않은 일이라고 생각하기도 한다. 아이가 무엇이 중요하고 중요하지 않은지 파악할 수 있도록 돕고 싶다면 메모하는 습관에 기대해봐도 좋다. 메모는 기억을 떠올리고 빠른 판단을 할 수 있게끔 돕는 효과도 있지만 중요한 정보를 판단하는 데 도움이 되기도 한다. 가령 여러 메모 중 필요 없는 메모가 있다면 과감하게 지우는 훈련도 해볼 수 있다.

업무가 너무 바빠 자녀와 자주 소통하기 힘들다면 메모를 통해서라도 지속적으로 소통하는 것이 중요하다.

# 메모하는 습관은 논리력을 키운다

## 08 영화나 다큐멘터리처럼 생동감 있게 기억하게 하자

주어진 정보를 오랫동안 기억해야 그 기억을 바탕으로 더 깊이 있는 학습을 진행할 수 있다. 관건은 '어떻게 하면 잘 기억할 수 있느냐'인데 우리의 뇌는 생동감 있는 형태를 더욱 잘 기억한다는 특징을 활용하면 좋다. 정보를 동적인 모습으로 기억하면 더 효과적으로 학습할 수 있다. 즉, 기억하고자 하는 정보를 역동적인 영상이나 파노라마 영상처럼 구성해 기억하면 직접 체험한 것 같은 효과를 낳아 더 오랫동안 기억할 수 있다.

### ★ Dr. 처방

아이들은 과장된 동작에 쉽게 반응한다. 어린이 TV 프로그램을 봐도 주로 말보다는 행동이 앞서며 표현도 크다. 이런 구성은 정보를 생동감 있게 보여주어 아이들의 기억에 오랫동안 남는다.

그렇다면 매번 영상을 보여주며 기억하게 해야 하는 걸까? 그렇지 않다. 아이에게 생생한 이야기를 들려주어 머릿속으로 구체적으로 상상하게 하는 것도 같은 효과를 얻을 수 있다.

**오늘의 지능 영양제**

- 잠자리에서 엄마와 아빠의 어릴 적 이야기를 들려주자.
- 잘 때 평소에 그림책을 읽어주었다면 이번에는 책 없이 세상에 없는 동화를 만들어 함께 이야기해보자.
- 가족에 관련된 추억들을 꺼내 서로 이야기해본다. 각자 기억이 달라 다르게 기억하는 부분이 있을 것이다.
- 새로운 단어를 배울 때도 영화처럼 관련 이야기를 만들어 설명하면 더 쉽고 재미있게 받아들일 수 있다.
- 모양이나 움직임을 설명할 때도 구체적으로 말해서 생동감을 느끼게 한다.

상당수의 부모가 아이에게 많은 정보, 좋은 정보를 최대한 빨리 주입하려는 강박에 시달린다. 그 과정에서 특별한 방법 없이 무조건 외우게 하거나 암기를 공부로만 몰아붙이는 경우가 많다. 정보를 받아들이고 암기하라고 무조건 등 떠밀 것이 아니라 재미있게 암기하는 방법을 활용한다면 아이의 기억 지능 발달에 큰 도움이 된다.

영화나 다큐멘터리처럼

생동감 있게 기억하게 하자

# 09 코딩 교육을 일상 속 지능 발달에 응용해보자

코딩은 문제 해결을 위한 방법이나 절차를 컴퓨터가 실행할 수 있는 컴퓨터 명령 언어로 입력하는 것이다. 이 과정과 컴퓨터 명령 언어를 배우는 것이 코딩 교육이다.

코딩 교육을 지능 발달에 응용해볼 수 있다. 문제를 명확히 이해하고 기억하고 전달하는 등의 전반적인 논리 과정을 일상에서도 적용해보는 것이다. 이 과정에서 발달하는 논리적 지능은 아이들이 현명한 의사 결정을 내리는 데 큰 도움을 준다.

### ★ Dr. 처방

과정을 이해하지 못하고 결과만 무조건 암기하는 주입식 교육에서는 논리력이 발달하기 어렵다. 논리력이 발달하지 못하면, 감정적으로만 대처하기 쉬워져 감정기복이 심해지고 참을성이 낮아질 수 있다. 그 결과 문제에 직면했을 때 해결하려는 의지가 없고 누군가가 해답을 알려주기만 바랄 수도 있다. 따라서 영유아 시기부터 논리력이 발달할 수 있도록 부모가 도와야 한다.

**오늘의 지능 영양제**

- 친구 집에 가는 길을 논리적으로 설명해보게 한다.
- 특정 옷을 선택해 그 옷을 입는 방법을 논리적으로 설명해보게 한다.
- 간단한 음식(샐러드, 햄버거 등)을 만드는 방법을 설명해보게 한다.

아이들이 논리적으로 무언가를 설명하기란 쉽지 않다. 논리력이 아직 기초적인 수준에 머물러 있기 때문이다. 그렇기에 친구 집에 가는 길을 순서대로, 논리적으로 설명하는 것도 상당히 어려워할 수 있다. 신발을 신고 현관을 나서는 것부터 모든 상황을 자세하고 논리적인 순서로 표현하게 하는 것이 중요하다.

예를 들어 부모가 논리적인 설명을 할 때 아이가 눈을 감고 집중해 듣거나 이야기를 글로 써서 표현하는 것도 코딩 교육의 한 방법이다. 더 자세히 설명하고 구체적이고 논리적으로 표현할수록 논리 지능은 발달한다.

코딩 교육을 일상 속
지능 발달에 응용해보자

## 10 연관 지어 생각해보게 하자

사람은 누구나 나를 포함한 주변 모든 것에 관심이 많으며 관찰하고 분석하는 습관이 있다. 섬세한 관찰은 뇌의 여러 학습 영역에 도움이 되고 특히 기억력 향상에 큰 영향을 미친다. 관찰력은 대상과 대상을 비교하고 평가할 때, 즉 연관성을 찾는 과정에서 더욱 발달한다.

### ★ Dr. 처방

연관은 공통점을 찾는 것에서 시작된다. 우리는 성姓, 키, 거주지 등 대부분 자기 존재와 소속을 확인하기 위해 다른 사람과의 연관을 찾으려고 한다. 그러는 과정에서 타인에게 호기심을 느낀다.

하지만 시험 점수와 등수에 집착하며 경쟁을 하다 보면 남보다는 나에게만 관심이 쏠린다. 다른 친구를 궁금해하기보다는 오늘의 숙제와 시험에만 몰두하며, 타인에게 호기심을 느끼거나 관심을 보이는, 즉 연관 짓는 능력을 점차 잃어가게 된다.

**오늘의 지능 영양제**

- 아빠와 엄마가 닮은 점, 다른 점을 이야기해본다.
- 친구가 좋아하는 것, 싫어하는 것과 내가 좋아하고 싫어하는 것을 서로 비교하고 이야기하게 한다.
- 해, 바다, 별, 꽃 등 단어를 이야기해주고 연관되어 생각나는 단어를 말해보게 한다.
- 물건들을 쭉 꺼내놓고 연관성 있는 것을 찾아 분류해본다.
- 책을 읽고 독후감을 간단하게 쓰고, 다시 한번 고쳐 쓰게 한다.

연관성 찾기는 가장 가까이에 있는 대상부터 시작한다. 부모가 서로 닮은 점, 친구와 통하는 것을 찾아보면서 다른 사람을 관찰하고 호기심을 느끼게 한다.

여러 단어를 나열해놓고, 연관성 있는 단어끼리 묶는 놀이를 하면 저절로 분석력이 좋아진다. 이런 훈련을 계속하면 대상이 무엇이든 더 정확하게 분석하는 능력으로 목표를 달성할 수 있게 된다.

책을 읽고, 쓰고, 다시 고쳐 쓰는 과정 역시 반복적 학습으로 내용 간 연관성을 분석하게 된다. 읽고 또 읽고, 내용을 적고 고쳐 쓰면서 모르고 지나쳤던 이야기의 연관성을 찾을 수 있어 관찰력 지능에 아주 좋은 효과를 발휘한다.

## 연관 지어 생각해보게 하자

## 11 관찰만 잘해도 논리 지능이 발달한다

주의력이 좋아지면 지능 역시 좋아진다. 본디 주의력은 조심성에 기인한 것으로, 위험성을 미리 예상하고 조심하는 과정에서 판단력이 좋아진다. 조심성은 주의 깊게 상황을 지켜보는 관찰력과 관계가 깊다. 뇌에는 과거에 겪었던 사건을 학습하고 앞으로 일어날 사건을 예상하며 준비하는 기능이 있는데 이것이 곧 논리를 바탕으로 하는 사고 지능이다.

### ★ Dr. 처방

아이들은 발달 과정에서 주위의 새로운 사물과 현상을 계속 만나고 자극을 주고받으면서 세상을 이해하게 된다. 모기에 물리기도 하고, 강아지를 쓰다듬으며 보드라운 털의 촉감과 만난다. 하지만 낯선 개는 위험할 수도 있다는 것을 알게 된다. 또 아이는 자신이 알고자 하는 대상에 수동적이기보다는 능동적인 반응을 보이며 관찰하고 탐색한다. 이를 통해 사물과 현상을 더욱 잘 이해하면서 관찰력과 사고력이 향상된다.

일상 환경에서도 부모가 만들어주는 작은 자극이 아이의 관찰력에 사고의 깊이를 더할 수 있다. 아이가 지나가는 곤충을 관찰하고 있을 때, 장난감을 가지고 놀 때, 그림책을 볼 때, 색연필로 그림을 그릴 때, 퍼즐을 맞출 때, 음악을 들을 때 등 아이가 하는 활동을 부모가 유심히 관찰하면서 아이에게 관심을 보이고 크게 호응해주자.

**오늘의 지능 영양제**

- 집 근처에서 만날 수 있는 다양한 동물, 곤충, 사물 등을 오감으로 느껴보고 경험하며 그림으로 똑같이 그려보거나 글로 써보고, 말로 표현해본다.
- 실제로 대상을 본 뒤에는 관련된 책, 잡지 등을 찾아보며 관심을 지속시킨다.
- 집에서 동물, 식물 등을 키워보고 관찰 일기를 써본다. 커가는 것들을 직접 보며 길이 재보기, 사진 찍어 차이점 살펴보기, 그림 그려보기 등으로 관찰 일기를 작성한다.
- 길이를 잴 때는 긴 블록이 몇 개 사용되는지 등으로 측정하다가 실제 자를 이용해서 측정해보도록 하면 수학적 개념을 익히는 데 도움이 된다.
- 집이나 동네, 공원에서 오늘 처음 보는 것을 찾아본다.
- 틀린 그림 찾기 놀이를 한다.

관찰력이 좋아지려면 반복적으로 보거나 생각하게 해서 세부적으로 대상을 분석하게끔 유도해야 한다. 즉, 섬세하게 관찰하도록 돕는 것이 중요하다.

또한 관찰은 긍정적 사고의 영역이다. 무슨 일이든 부정적으로 생각하면 더 관찰하고 싶어지지가 않는다. 긍정적으로 무언가를 접하고 생각할 수 있는 환경을 만들어 관찰력을 높이면 주의력과 사고 지능이 더욱 발달할 수 있다.

# 관찰만 잘해도 논리 지능이 발달한다

## 12 명확하게 파악하고 결정을 내리게 하자

무언가를 결정할 때 뇌의 활동 양상은 크게 두 가지로 나뉜다. 결정하게 된 배경과 이유, 결과 등을 최대한 파악해서 내리는 명확한 결정과 그렇지 않은 결정이다.

후자처럼 깊게 생각하지 않고 의사를 결정하면 무력감과 함께 후회와 패배감, 자책감을 느낄 확률이 커진다. 그러면 더 불안해지고 상황 판단 지능이 떨어져 악순환으로 이어지기 쉽다.

반면 자기 자신과 상황을 명확하게 파악해서 판단하고 결정을 내리면 그 과정에서 상당한 집중력을 발휘하며 또 다른 상황들과 비교하면서 상황 판단을 더 효과적으로 할 수 있다. 충동적인 행동이 줄어들어 성공 확률도 높아지고 자신감도 늘어나 지능 발달에 더욱 유리해진다.

### ★ Dr. 처방

아이들은 대부분 자기가 하고 있는 일에 대해 맹목적으로 나아가는 경향이 두드러진다. 그러므로 스스로 잘 파악하지 못할 때가 많다. 그래서 부모는 종종 아이 스스로 결정을 내리게 하기보다는 직접 결정하고 그대로 따르게 한다. 이는 아이의 의사결정권을 뺏는 것으로, 아이 스스로 상황을 분석하고 판단하는 능력을 발달시키지 못해 지능이 더 계발될 여지를 빼앗는 것일 수도 있다. 또 자립심을 키우지 못하고 부모에게 의존하는 아이로 성장할 수도 있다. 따라서 아이가 스스로 현명한 결정을 내릴 수 있도록 부모가 도와야 한다.

아이의 지능 영역 가운데 인지 지능은 모든 학습 지능에 기초가 되며 기억을 담당하는 중추적 역할을 수행하기 때문에 아이 스스로 자기가 할 일을 명확하게 안다면 뇌의 기초 지능이 상당히 개선될 것이다.

**오늘의 지능 영양제**

- 아침에 시간 맞춰 일어나 세수, 이 닦기, 옷 입는 것을 스스로 할 수 있도록 한다.
- 가족을 직접 깨워보기, 아빠와 엄마 양말을 찾아 각각 신겨주기를 한다.
- 어떤 옷을 입고, 어떤 신발을 신을지 스스로 결정할 수 있도록 한다. 범위가 넓으면 선택이 어려우므로 서너 개 정도의 보기를 준비한다.
- 하루 일과표를 짜서 해야 할 일과 하지 말아야 할 일을 나눠보도록 한다.
- 숙제하고 놀 것인지, 놀고 숙제할 것인지 해야 할 일의 순서를 정한다.

- 아이가 쉽게 결정하지 못한다면 생각할 시간을 주자.
- 한 가지를 고르지 못한다면 대신 선택해주지 말고 선택의 폭을 넓혀서 두세 개를 골라도 된다고 알려주자.
- 선택을 했다면 선택한 이유와 선택하지 않은 이유도 각각 이야기하게 한다.

선택 사항들을 각각 분석하고 서로를 비교하는 과정에서 논리력이 발달한다. 또 세 가지 이상의 선택 사항이 주어졌을 때 가장 관심이 가는 것을 택하고 나면 나머지 선택 사항은 신경도 쓰지 않고 쉽게 잊게 된다. 그러나 선택하지 않은 각각의 이유를 함께 공유하면 결정 내리는 과정에서의 문제점이나 해결책 등이 드러날 수도 있다. 더불어 먼저 선택한 것을 다시 한번 생각해보는, '신중 학습'도 하게 되어 다양한 지능 사이에 교차적인 발달이 일어나 논리력 향상에 긍정적인 영향을 미친다.

위의 예시처럼 하루 일과표를 만들어 실행하는 것도 하루를 분석하고 실행하는 능력을 발달시킨다. 지속적으로 훈련하다 보면 결정이 실패할 가능성을 줄이고 더 현명한 결정을 내릴 가능성이 커질 것이다.

명확하게 파악하고 결정을 내리게 하자

## 13 부모의 질문과 맞장구가 아이의 논리 지능을 높인다

우리 뇌의 여러 활동 중에는 언어 활동이 많은 비중을 차지한다. 특히 평서문보다 의문문에 뇌는 더욱 민감하게 반응한다. 의문형에 대답할 때는 질문을 파악하고 가진 정보를 활용해 합리적인 답을 내놓기 위해 언어 사용에 더욱 신경 써야 하기 때문이다. 또한 어떤 대답을 해야 하며, 상대방이 어떻게 반응할지 등 많은 생각이 이루어지면서 뇌의 신경 회로 숫자가 증가한다. 이것이 지능 발달로 이어진다.

### ★ Dr. 처방

아이들에게 "왜?", "무엇이?", "뭔데?" 등의 질문을 하고 "너의 말이 맞는구나!" 하고 무릎을 치며 반응하면 학습을 놀이로 인식하게 된다. 부모의 맞장구는 아이가 동질감을 느끼게 하는 중요한 행동 요소로, 부모와 친밀도를 높이는 효과도 있다.

**오늘의 지능 영양제**

아이가 잘 알고 있는 〈토끼와 거북이〉 동화를 예로 들어 대화를 나누어보자.

- 토끼는 경주를 하다가 갑자기 왜 잠을 잔 걸까?
- 거북이는 토끼를 이긴 뒤 어떤 말을 했을까?
- 주변의 친구들은 둘의 경주를 보면서 어떤 이야기를 했을까?

위의 예시와 같은 대화를 할 때는 부모가 먼저 동화 속 상황을 설명하고 난 뒤 “왜?”, “무엇이?”, “뭔데?” 등의 질문을 한다. 너무 많이 물어보면 아이가 지칠 수 있기 때문에 질문은 세 번을 넘기지 않는다.

대화 중 아이의 이야기에 맞장구를 치는 것은 아이의 의욕이 더 많이 생기도록 돕는다. 내 이야기를 들어주고 반응하는 사람에게서 계속 긍정적인 반응을 이끌어내기 위해 더 좋은 모습을 보이려 노력하기 때문이다.

# 부모의 질문과 맞장구가 아이의 논리 지능을 높인다

## 14 계획적인 행동이 논리 지능을 높인다

계획적인 사람들은 목표를 먼저 정하고 계획 가능성을 분석해 실천 가능한 계획을 세운 뒤 행동에 옮긴다. 계획적으로 행동하면 일을 빠뜨리지 않고 수행하며 목표 달성 가능성을 끌어올려 과정 자체가 긍정적으로 인식된다. 이 경우 어떤 문제든 스스로 계획을 세우고 실행에 옮기는 자발성이 높아지고 문제 관리 능력도 최상으로 올라간다.

### ★ Dr. 처방

시간을 계획적으로 관리하고 행동하는 아이들은 별로 없을 것이다. 아이들은 호기심이 많고 상황을 인식하는 능력이 낮아 즉흥적인 행동을 많이 하기 때문이다. 그러나 작은 일이라도 계획적으로 시간을 배분하고 실행하는 훈련을 한다면, 스스로 해결하기 위해 계획적 사고를 하고 목표에 도달할 가능성이 크다.

**오늘의 지능 영양제**

- '시간 관리 일기'를 써본다. 매일 기록할 수 있도록 오늘 내가 가장 소중한 일에 쓴 시간, 잘한 일, 감사한 내용 등을 담는다.
- 하루 일과를 시간대별로 꼼꼼히 써가며 지키는 것이 어렵다면 오전과 오후로 크게 나눠 계획을 세운다.
- 단기 계획도 중요하지만 분기별, 1년 계획을 세운다면 더욱 안정되게 행동할 수 있다. 자녀와 함께 여행 계획이나 운동, 공부, 놀이 계획을 세우고 하나하나 실천해보자.

우리 아이들은 보통 부모를 위해 무리한 계획을 짜는 일이 많다. 학습 계획을 먼저 짜기보다 노는 계획을 세우고 난 후 학습 계획을 짜는 것이 아이들의 긍정도 측면에서 훨씬 좋다. 그리고 쉬는 시간을 여유롭게 잡고 꼭 해야 하는 일에는 짧은 시간을 계획하여 최대한 스트레스를 줄이며 계획적 행동을 훈련해야 한다. 아이들은 혼자 하는 계획보다 부모와 함께하는 계획과 행동을 놀이로 인식하기 때문에 자연스러운 훈련이 될 수 있다.

# 계획적인 행동이 논리 지능을 높인다

## 15 계획적으로 놀면 시간을 더 효율적으로 쓸 수 있다

시간 관리 능력은 어른들도 어려워하는 부분인 만큼 아이들에게는 더 많이 훈련하여 후천적으로 계발해주어야 한다. 아이들은 시간 개념이 없으니 시간 체감 테스트를 해보면 많이 빗나간다. 예를 들어 "지금부터 5분이 지난 것 같으면 손 들어보자"라고 말하면 2~3분밖에 지나지 않았는데 손을 들고, 똑딱똑딱 1초, 2초를 속으로 세어보면서 1분 되면 박수를 쳐보라 해도 45초쯤 되면 박수를 치거나 1분이 훨씬 지나야 박수 치는 아이들도 있다. 머릿속에 시간의 흐름을 추정하고 조절하는 시계가 제대로 작동하지 않기 때문이다.

### ★ Dr. 처방

아이가 시간을 효율적으로 관리하기 위해서는 부모의 도움이 꼭 필요하다. 스스로 시간을 현명하게 운영하는 것 자체도 쉽지 않지만, 계획적으로 시간을 썼는지의 여부를 혼자서 관리하기가 어렵기 때문이다. 부모가 아이를 도와 함께 세부적인 계획을 짜면 아이가 시간을 훨씬 효율적으로 관리할 수 있다.

**오늘의 지능 영양제**

- '시간 관리 시계'를 준비한다. 요리용 타이머나 휴대전화의 타이머 기능으로 시간의 개념을 알려주고, 세수하는 시간부터 양치, 문제 풀이하는 시간 등이 얼마나 지났는지 확인해보도록 한다.
- 유치원, 학교 가는 데까지 준비하는 시간을 재본다. 밥 먹는 시간, 옷 입는 시간, 씻는 시간 등을 더해서 늦지 않으려면 몇 시에 일어나야 하는지 계획을 세우게 한다. 단, 놀이로 인식되도록 최대한 부드럽고 재미있게 실천한다.
- 기상 시간이 정해지면 취침 시간도 정할 수 있다. 몇 시에 자야 그 시간에 일어날 수 있는지 계획을 짜본다. 규칙적인 생활을 하는 데 도움이 된다.
- 놀이 시간 계획표도 아이와 함께 이야기하면서 짜야 한다. 구체적으로 TV 시청, 운동, 게임, 친구와 놀기 등 몇 분 동안 무엇을 하고 놀 것인지 적어본다. 그리고 스톱워치 기능으로 시간을 맞춰 아이가 시간을 인지하도록 한다.

놀이 계획은 어떻게 하면 잘 놀 수 있는가를 계획하는 것이다. 구체적으로는 20분 뛰어놀고 10분 쉬고, 또다시 20분 놀고 10분 쉬어 총 1시간을 지치지 않고 즐겁게 노는 방법이 있다. 이같이 놀 때도 시간을 효율적으로 사용하는 것이 습관이 되면 계획적으로 사고하는 지능을 계발하는 데 큰 도움이 된다. 적은 시간이라도 어떻게 잘 쓰는지가 관건이다.

계획적으로 놀면 시간을
더 효율적으로 쓸 수 있다

## 16 함께하는 강력한 힘이 생긴다

아이들은 보통 5세부터 본격적인 사회생활을 시작한다. 엄마의 껌딱지였던 아이들이 어린이집, 유치원, 학교 생활을 통해 또래 집단과 관계를 맺는다. 학교는 아이들의 사회다. 아이들은 관계 맺음에 서투르거나 좌절을 경험하기도 한다. 그리고 그 좌절을 극복할 힘도 관계 속에서 나온다.

친구나 선생님과의 관계가 원만한 아이들은 협동심을 더 빨리 배우고, 나 혼자가 아니라 누군가와 함께하면 생각지도 못한 아이디어가 발전되고 두려움과 공포도 줄어서 안정적인 상태가 된다는 것을 알게 된다. 우리는 혼자 살 수 없다. 어디를 가더라도 사회적인 관계 속에서 존재하게 된다. 그러므로 아이들의 행복을 위해 사회성과 협동심을 계발해야 한다.

두 명 이상 모여 무언가를 해결하면 혼자일 때보다 객관적으로 분석하고 검증하며 합리적인 결정을 내릴 가능성이 커진다. 이 과정에서 미래를 예측하는 능력도 길러져 논리 지능이 발달한다.

### ★ Dr. 처방

아이들은 무언가를 달성하는 과정에서 남에게 손해를 끼치는 것을 경계하고 걱정한다. 이러한 행동은 자연스러운 발달 과정의 일부이기에 걱정할 필요는 없다. 그러나 자칫 혼자서만 문제를 해결하겠다고 고집을 피우거나 또래들과 협동하는 것을 경쟁으로 먼저 인식하는 경우 지능 발달에 문제가 생기기도 한다.

유아기 시절에는 다양한 친구들과 함께 어울리는 것이 좋으며, 문제가 발생하더라도 그들끼리 해결할 수 있도록 지지하는 것이 바람직하다. 부모가 아이의 문제 해결 과정에 간섭하면 집단에서 배우고 발달시킬 수 있는 부분을 놓칠 여지가 있기 때문에 조심해야 한다.

**오늘의 지능 영양제**

- 부모와 함께 줄넘기를 한다. 순서를 정해 두 사람은 줄을 돌리고, 한 사람이 박자에 맞춰 줄을 넘는다.
- 앞치마 농구를 한다. 한 사람이 앞치마를 두르고 공을 받고 한 사람은 공을 던진다. 그 공을 던지고 받으며 점수 내기를 해서 재미를 더한다.
- 아이가 어떤 요구를 하면 "함께 의논해서 결정하자!"라고 말하고, 아이가 혼자 못하고 고민하고 있으면 "우리 함께 해볼까?"라고 물어보거나, 놀이를 함께하면서 "우리 팀 멋지다!", "함께하니까 좋다!"라고 말한다.
- 가족이 모여 '가족 신문'을 만든다. 1년에 한 번이라도 한 해 동안 가족에게 있었던 큰일이나 이벤트, 이슈들을 정리하는 기회가 된다. 사진이나 그림도 붙여보고 서툰 글씨지만 기자처럼 기사를 써보는 기회로 삼아본다.

• 가족회의를 한다. 아빠의 힘든 점이나 엄마의 고민도 들려주며 아이라면 어떻게 해결할 것인지 서로 의논해 협동심을 발휘할 기회를 만든다.

어떤 상황이든 '함께하기'를 훈련해보자. 매일 한두 번 정도 함께하는 상황을 인식시켜, 함께했을 때가 혼자 했을 때보다 효과가 더 높다는 것을 인지시킬 수 있다.

만약 주변에 또래 아이가 없다면 어른들과 함께 활동하면 된다. 함께해서 얻은 결과를 같이 평가해보는 것도 좋다. 긍정적인 기억을 각인하는 효과가 심리적 안정감을 주어 또다시 적극적으로 협동할 수 있는 에너지를 만들어주기 때문이다.

함께하면 강력한 힘이 생긴다

## 17 다른 사람들을 배려하는 과정에서 분석력이 발달한다

우리의 뇌는 남을 배려하는 것을 굉장히 긍정적으로 인식한다. 배려를 다른 표현으로 하면 공감 능력이라고 말할 수 있는데, 공감 능력이 높은 아이들은 어떤 특징을 보일까?

먼저, 배려를 받아본 경험이 있기에 다른 사람을 배려할 줄 알고 이해할 줄 안다. 그래서 늘 친구들에게 인기가 많고 사회성도 높아지게 된다. 또, 친구들의 말을 잘 들어주기 때문에 갈등 상황이 생겨도 잘 해결할 수 있고 리더십이 뛰어난 경우도 많다.

더불어 부모와 유대감이 좋기 때문에 인정받고 싶은 마음이 커져서 공부든 놀이든 무엇이든 할 때 더 열심히 하게 된다.

이제 인공지능 시대라고 하는데 아무리 기술이 발달해도 인간 고유의 감성, 공감 능력은 기계로 대체할 수가 없기에 앞으로 공감 능력은 인간이 계발해야 할 필수 능력이다.

### ★ Dr. 처방

가족은 서로 배려하고 협조하며 공생하는 관계다. 형제자매가 있다면 배려하는 법을 더욱 빨리 배울 수 있기 때문에 협력의 긍정적인 결과를 더 손쉽게 얻을 수 있다.

외동이어도 그리 걱정할 필요는 없다. 부모와의 관계에서도 협조나 배려를 충분히 익힐 수 있으며 반려동물과의 관계에서도 가능하다.

**오늘의 지능 영양제**

- 가족들끼리 인사와 감정 표현을 자주 하도록 하자. "좋은 아침이야", "오늘은 날씨가 맑으니 기분도 상쾌하구나", "사랑한다" 등 내 마음을 표현하는 것도 습관이다.
- 동네 어른들을 만나면 인사를 하도록 하자. "안녕하세요?", "식사하셨어요?" 등 간단한 인사가 다른 사람에 대한 관심 표현과 공감의 제1단계다.
- 가족이나 친구의 '말'이 아닌 다른 요소들, 얼굴 표정과 행동, 거친 손동작과 불만이 가득해 쾅쾅 구르는 발동작까지 다양한 비언어적 표현도 잘 살펴보는 시간을 갖도록 하자.
- 식당이나 카페에서 돌아다니지 않고, 극장에서 떠들거나 앞 의자를 발로 차는 행동을 하지 않도록 한다. 공공장소에서 예의를 지키는 것도 배려라고 알려주자.
- 하루는 형이 동생에게 잘해주는 날, 하루는 동생이 형에게 잘해주는 날로 정해보자. 서로 배려하는 모습을 보이면 부모님이 상을 주어도 좋다.
- 반려동물이 있다면, 사람의 언어로 대화를 할 수는 없지만 그 반려동물의 반응을 통해 감정과 원하는 것을 읽을 수 있다. 눕는 자세, 짖는 소리, 두 발로 서는 것, 꼬리를 흔드는 등의 바디랭귀지를 보고 마음을 맞혀보자.

내 마음을 이야기하고, 다른 사람의 마음을 읽고, 예의를 지키는 것 자체가 배려의 기본이다. 이렇게 공감하고 배려하다 보면 긍정적인 결과로 이어져 자존감이 올라가고, 더불어 리더십의 조건까지 갖추는 효과를 얻을 수 있다.

다른 사람들을 **배려**하는 과정에서
**분석력**이 발달한다

# 3

## 몸도 마음도 튼튼해지는
# 신체 지능 영양제

## 01 가볍게 머리 운동을 하는 것은 집중력에 도움이 된다

아이도 머리가 무겁고 아플 때가 있다. “우리 아이는 스트레스 받을 일이 없어요”라고 부모님은 생각할 수 있지만 공부와 친구, 환경 스트레스를 피할 수는 없다. 또 머리가 아픈 이유로 피곤함, 과식, 소음, 조명, 온도와 습도, 불규칙적인 수면 습관 등이 모두 원인이 될 수 있다. 또한 여러 가지 이유로 자율신경의 리듬이 깨져 있거나 혈액순환이 잘되지 않는 경우에도 머리가 무겁고 아플 수 있다.

그럴 때일수록 누워서 쉬거나, 활동량을 줄이기 쉬운데 사람은 기본적으로 몸을 움직이면 기분도 좋아진다.

목이나 어깨 근육의 긴장이 두통을 유발하기도 한다. 특히 소극적인 성격으로 하루 종일 집 안에서 앉아 노는 아이들은 잘못된 자세로 인해 어깨나 목 근육이 뭉치고 통증이 발생할 수 있다.

또 예민한 성격의 아이들은 머릿속이 복잡해서 잠을 잘 이루지 못해 머리가 아프기도 하다. 잠을 자야 하는데 자꾸 생각이 끊이지 않고 생각을 따라가다 보면 몇 시간이 훌쩍 지나게 된다. 이럴 때는 머리를 가볍게 지압해주는 것이 좋다. 특히 백회혈(머리 꼭대기 지점)을 부드럽게 마사지하듯이 지압해주면 무겁고 복잡했던 뇌가 맑아지는 기분이 든다. 정신적 스트레스를 풀어주는 데도 좋고 심리적 안정감을 찾아 집중력이 향상될 수 있다.

### ★ Dr. 처방

집중력을 높이기 위한 머리 운동은 활동이 시작되는 오전이나, 공부를 시작하기 직전에 하는 것이 효과적이다. 경직된 상태에서 빠르게 목 근육을 돌리거나 세게 움직이면 다칠 수도 있으므로 천천히 조심스럽게 움직인다. 평소에도 머리는 부딪히거나 넘어지면 크게 다칠 수 있으므로 자전거나 킥보드 등을 탈 때는 꼭 헬멧을 착용하고 소중히 지키도록 한다.

**오늘의 지능 영양제**

- 아침에 일어나면 크게 기지개를 켜고 온몸을 쭉쭉 펴서 스트레칭을 한다.
- 땀나는 운동, 율동 등 신체 활동을 한다.
- 가족끼리 서로 어깨를 안마해주며 긴장감을 풀어준다.
- 공을 살포시 잡듯 손을 쥐고 머리끝을 톡톡 두드려준다.
- 고개를 좌우와 앞뒤로 흔들고 시계 방향과 반시계 방향으로 돌려준다.
- 목을 뒤로 살짝 젖히거나 관자놀이를 가볍게 눌러준다.

• 입술을 벌렸다 오므리기를 하고, 눈동자를 위아래, 양옆으로 굴려보고, 코를 찡긋해보며 다양한 얼굴 근육을 움직여본다.

정해진 시간에 머리 운동을 하는 습관을 들이면 좋다. 일정한 시간에 같은 행동을 반복하면 더 쉽게 습관으로 만들 수 있다. 일정한 시간에 가벼운 머리 운동을 반복해서 습관화하자.

가볍게 머리 운동을 하는 것은
집중력에 도움이 된다

## 02 균형 운동으로 인지 지능을 발달시키자

갑자기 방향감각이 사라진다면 어떨까? 굉장히 불안하고 주변 환경에 대한 정보가 왜곡되는 등 문제가 발생할 것이다. 특히 균형감각이 엉망이 되면 인지 지능에 막대한 영향을 끼쳐 판단의 오류를 지각할 수 있는 능력이 놀라울 정도로 떨어질 것이다.

균형 운동 능력, 감각 능력과 인지 능력은 소뇌에서 담당하는데 만약 방향감각이 사라진다면 소뇌의 역할에 문제가 생겨 두뇌 전반에 문제가 발생할 수밖에 없다. 따라서 소뇌를 건강하게 만들어주는 것이 중요하다. 다양한 방향감각 훈련 같은 균형 놀이를 습관처럼 반복하게 한다면 소뇌가 관장하는 다양한 능력과 특히 인지 지능이 향상될 것이다.

### ★ Dr. 처방

아이들에게 눈을 감고 특정 동작을 해보라고 하면 대부분 재미와 호기심을 느끼기 때문에 쉽게 따라 한다. 한편 처음에는 눈을 감고 행동하는 것을 무섭게 느낄 수도 있다. 특히 눈을 감은 채로 움직이다가 부딪혀 다치면 공포심이 더 커질 수 있다. 부모가 옆에서 도와주며 눈을 감고 행동하는 것에 대한 공포를 줄이고 호기심을 적절하게 발현시켜주어야 한다.

**오늘의 지능 영양제**

- 바닥에 작은 방석을 놓고 그 위에 한 발로 서서 눈을 감고 균형을 잡는다.
- 부모의 손을 잡고 눈을 감은 채 공원이나 운동장을 걷는다.
- 고개를 숙인 채 한 손으로 코를 잡고 코끼리 모양으로 만든 다음 바퀴 수를 정해놓고 제자리에서 빙글빙글 돈다.
- 머리 위에 종이컵이나 책을 올리고 똑바로 걸어본다.
- 그네를 타는 것만으로도 우리 몸의 평형감각과 회전감각을 담당하는 기관이 계속 움직인다.

균형과 관련된 놀이는 아이의 호기심을 자극하는 놀이 중 하나다. 갸우뚱하거나 아슬아슬하게 균형을 잡는 과정에서 재미를 느낄 수 있기 때문이다. 내 몸을 알아가는 재미도 있어 지루할 틈이 없다.

균형 운동으로 인지 지능을 발달시키자

## 03 조깅은 두뇌 계발의 바탕이 된다

우리나라 학교 교과과정 중 체육 수업 시간이 점점 줄고 있다는 TV 뉴스를 본 적이 있다. 공부하기에 바빠서 운동할 시간이 없다는 것이다. 그러나 지금까지 알려진 가장 좋은 두뇌 계발 훈련이 유산소 운동이다. 운동을 하면 뇌에도 혈액이 많이 공급되어 더 많은 영양분과 산소가 뇌의 신경세포에 전달되면서 성장 인자들을 더 많이 생산하게 만드는 부드러운 스트레스 역할을 하기 때문일 것이다. 그러므로 자녀의 공부 머리를 발달시키고 싶다면 지금이라도 의자에서 일으켜 함께 달리기를 하는 것이 훨씬 더 효과적인 방법이다.

### ★ Dr. 처방

조깅은 운동에서 뿐만 아니라 학습 등 다른 활동에서도 페이스를 조절하는 능력을 키워주는 기본적인 활동이다. 페이스 조절은 곧 감각기관을 적절하게 제어하는 것이기 때문이다. 조깅을 하면서 감각기관을 제어하면, 이것이 곧 두뇌에서 청각, 시각 등 각종 감각기관으로서 정보를 종합적으로 인식하고 기억하는 역할을 하는 대뇌피질의 발달로 이어진다.

**오늘의 지능 영양제**

- 유리나 병뚜껑 등 위험한 요인이 없는 바닥을 맨발로 달린다.
- 부모와 자녀가 함께 조깅을 하며 서로 속도를 일정하게 맞추어 달릴 수 있도록 페이스메이커가 되자.
- 일정한 속도로 점점 달리는 거리를 늘린다.
- 조용하고 나무가 많은 공원에서 달리기를 하면 명상을 할 때와 비슷한 두뇌 활동이 나타난다.

무턱대고 조깅을 시키기보다는 부모와 함께 게임이나 놀이처럼 진행하거나 칭찬을 해주면서 독려하면 좋은 습관으로 자리 잡을 수 있다.

조깅을 계속할 수 있도록 계획표를 만드는 것도 좋다. 아이가 계획대로 실천을 하면 주마다 보상을 주는 것도 도움이 된다. 꼭 특별한 선물을 사줄 필요는 없다. 예를 들어, 때마침 칫솔을 교체할 시기가 되었을 때 조깅을 계획대로 실천했다면 아이가 원하는 디자인의 칫솔이나 그 외 필요한 물건을 선물하는 것도 보상의 일종이 될 수 있다.

# 조깅은 두뇌 계발의 바탕이 된다

## 04 튼튼한 다리가 인지 능력 향상을 돕는다

영국의 킹스 칼리지 런던 연구팀에 의하면 단순히 걷기만 해도 뇌 감퇴가 지연될 수 있다. 이 팀은 10년 동안의 임상 실험 결과 다리가 튼튼한 사람들이 뇌도 건강하다는 결론을 얻었으며 다리의 근력과 뇌 사이에 깊은 상관관계가 있다고 보고했다.

### ★ Dr. 처방

다리 근력이 좋아지면 왜 두뇌가 좋아질까? 다리의 근력이 좋아지면 호흡과 순환, 소화 등을 관장하는 두뇌의 자율신경 기능이 균형을 잡아 각종 기능이 원활해지고 스트레스도 완화된다. 따라서 허벅지가 튼튼해지면 두뇌 활동도 더 원활하고 활발해질 수 있다.

**오늘의 지능 영양제**

- 엘리베이터 대신 계단을 이용해 오르내리기, 한 발로 오래 서 있기 놀이, 부모와 자녀가 함께 산책하기 등도 좋다.
- 아이가 좋아하는 캐릭터 인형이나 장난감을 갖고 외출하면 재미있는 놀이 시간이 된다. 인형이나 장난감을 업어주거나 장난감 손수레 등에 태워 끌어주며 아이가 더 걸을 수 있게 유도한다.

아이들은 지루하고 재미가 없으면 쉽게 지치거나 걷지 않으려 할 수 있다. 즐겁게 걷기 위해 반려동물과 함께 산책을 하거나 킥보드, 인라인스케이트 등으로 더 많이 움직이게 하는 것도 효과적이다.

혹은 부모와 발맞춰 걷기, 엄마와 걷기, 아빠와 걷기, 짝을 이뤄 둘씩 걷기 등을 해보는 것도 좋다.

성장기에는 주 3회 1시간 정도 규칙적인 운동이 필수이지만 반드시 운동 전후 스트레칭을 실시하고 운동 중 틈틈이 수분 섭취와 휴식을 취해주어야 한다. 직사광선을 장시간 쬐거나 고온 환경에 너무 오래 노출되는 환경에서는 운동을 하지 않는 것이 좋다. 더위 속 장시간 운동은 탈수와 근육통을 초래할 수 있고 다리에 쥐가 나기 쉽게 한다.

그리고 무조건 많이 걷게 한다고 다리의 근력이 생기는 것은 아니기 때문에 적당한 운동과 함께 올바른 식습관도 체크해야 한다.

# 튼튼한 다리가 인지 능력 향상을 돕는다

## 05 손을 움직이는 만큼 두뇌가 발달한다

우리 손에는 대략 1만 7,000개의 신경이 몰려 있다. 많은 뇌 과학자와 정신분석학자는 손과 뇌의 연관성 혹은 손의 역할이 두뇌에 미치는 영향 등에 대해 많은 이론을 발표했다. 임마누엘 칸트 역시 "손은 바깥으로 드러난 또 하나의 두뇌"라고 말하며 손을 뇌로 표현했다. 이처럼 손은 두뇌 계발에 중요한 역할을 한다.

### ★ Dr. 처방

아이들이 화가 나거나 불안할 때 어떻게 행동하는지 살펴보자. 많이들 손을 부여잡고 만지작거리거나 주먹을 쥐었다가 펴는 동작을 반복하기도 한다. 이는 스스로 뇌에 가해진 스트레스를 조절하려는 행동으로 보면 된다.

손을 움직이며 학습하고 성취하고 기억하는 일련의 과정을 통해 지능 계발이 이루어지기 때문에 손은 두뇌 발달에 있어 아주 중요하다.

**오늘의 지능 영양제**

- 색종이 접기는 아이의 두뇌 발달은 물론 소근육 발달에 무척 좋은 놀이다. 처음에는 간단한 것부터 접다가 점점 익숙해지면 조금씩 난도를 높여간다.
- 가위질은 아이가 좋아하는 놀이 중 하나다. 처음에는 신문지나 얇은 종이로 시작하고 물결무늬, 꽃잎 모양 등 다양하게 오려본다. 또 오른손과 왼손을 번갈아 가위질을 하면 양쪽 뇌 발달에 도움이 된다.
- 신문지를 주고 손으로 길게 찢도록 한다. 결대로 찢으면 아주 잘 찢어지기 때문에 아이가 무척 즐거워한다.
- 붓으로 그리는 것보다 손가락으로 물감을 찍어서 그리는 그림이 아이의 두뇌 발달에 좋다. 밀가루 풀처럼 끈적이는 재료에 물감을 섞으면 손으로 찍어서 그림을 그리기에 무척 편하다. 주물럭거리면서 감촉을 느끼게 하는 밀가루 반죽 놀이나 찰흙 놀이도 좋다.

영유아 때에는 손을 오므렸다 펴면서 손으로 무언가를 잡거나 활용하는 조작 지능을 익히고 아동기에 접어들면 무언가를 만들거나 편의를 위해 손을 움직이며 학습해나간다. 손을 많이 움직일수록 섬세한 감각 지능이 발달해 두뇌 전반이 발달한다.

# 손을 움직이는 만큼 두뇌가 발달한다

# 06 횡격막 운동으로 지능을 높이자

횡격막은 가슴과 배를 나누는 근육이다. 흔히 말하는 복식호흡이 횡격막 운동이다.

횡격막 운동을 하면 자율신경에 자극을 주어 뇌 발달에 도움이 된다. 더불어 면역력을 높여주어 신체 건강에도 좋다.

### ★ Dr. 처방

아이들의 횡격막 운동은 호흡운동이다. 호흡운동은 뇌에 산소를 풍부하게 공급해 머리를 맑게 하고 복부 근육을 이완하여 신경계 흐름을 원활하게 하므로 안정적으로 지능이 발달할 수 있게 돕는다.

또한 학습이나 게임을 하며 틀어진 자세를 바로잡는 효과도 있어 신체가 균형 있게 발달하는 데 도움이 된다.

**오늘의 지능 영양제**

- 식사 전에 숨을 들이마셔 배가 볼록해지도록 공기를 넣은 뒤 내쉬기를 반복한다. 이 운동은 식사 전이나 공복일 때 해야 효과가 좋다.
- 고개를 숙이며 숨을 내쉬고 고개를 뒤로 젖히며 숨을 마시는 것을 놀이처럼 하는 것도 좋다.
- 웃는 것만으로도 횡격막 운동이 가능하다. 횡격막이 위아래로 움직이면서 진공상태를 만들고, 이런 현상이 림프의 혈액을 순환시키면서 몸속의 독소까지 제거한다. 일부러 웃어도 똑같은 효과를 낼 수 있으니 큰 소리로 온 가족이 하하하 웃어보자.

횡격막 운동을 놀이에 접목해 그 자체를 유쾌하게 해준다면 좋은 습관으로 자리 잡기 쉽다. 횡격막 운동 역시 시간을 정해 재미있고 반복적으로 꾸준히 해준다면 더 좋은 효과를 얻을 수 있다.

# 횡격막 운동으로 지능을 높이자

## 07 꾸준한 운동이 뇌의 멀티태스킹을 가능하게 한다

운동을 꾸준히 하면 면역 활성 호르몬이 만들어진다. 면역 활성 호르몬이란 면역체를 더 튼튼하게 만드는 역할을 하는 호르몬으로 세로토닌과 같이 기분을 좋게 하는 호르몬들이 여기에 해당한다. 기분이 좋아지면서 신체도 건강해지고 의욕이 솟아나 다양한 활동을 해낼 수 있는 것 모두 면역 활성 호르몬 덕분이다.

### ★ Dr. 처방

아이들은 대부분 활동량이 많다. 내성적인 성향이라도 마음에 맞는 친구가 생기면 비교적 활발하게 움직인다. 신체를 활발하게 움직이는 것은 지능 발달에도 긍정적인 역할을 하기 때문에 아이들이 꾸준히 움직일 수 있도록 사회 체육이나 놀이 등을 함께하면 더욱 건강해지고 지능도 향상될 수 있다.

**오늘의 지능 영양제**

- 음악에 맞추어 운동을 하면 근육을 강화하는 동시에 뇌의 인지 능력을 향상시키는 효과가 나타난다.
- 하루 30분 이상의 꾸준한 신체 활동을 통해 새로운 뇌세포와 뇌로 가는 혈류를 활성화하도록 유도한다.
- 시간을 정해 주 3회 이상 꾸준히 운동한다.
- 아침에 일어나면 침대 위에서 쉽게 할 수 있는 스트레칭부터 먼저 하자.

간단한 운동이라도 꾸준히 하는 것이 좋다. 특히 아침에 일어나자마자 하는 스트레칭은 굉장히 좋은 습관이다. 잠을 자는 동안 방 안에 이산화탄소가 가득 차기 때문에 창문이나 방문을 열어 환기를 하고 간단한 스트레칭으로 뇌에 신선한 산소를 공급해준다면 뇌 건강에 상당한 도움이 된다.

더불어 세수나 양치를 할 때도 허리를 돌리거나 목을 쭉 펴는 등 다양한 형태의 스트레칭을 하면 노력에 비해 훨씬 큰 효과를 볼 수 있을 것이다.

꾸준한 운동이 뇌의
멀티태스킹을 가능하게 한다

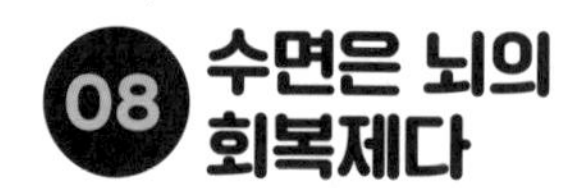

## 08 수면은 뇌의 회복제다

충분한 수면은 뇌의 긴장과 피로감을 덜어주고 전날 받은 다양한 스트레스 및 여러 학습으로 생긴 뇌의 고단함을 풀어준다. 이러한 작용 덕분에 심리적으로도 안정을 찾을 수 있고 새로운 정보를 다시 잘 흡수해 지능이 발달하는 데 큰 역할을 한다.

**★ Dr. 처방**

미취학 아동은 11~13시간, 초등학생은 10시간에서 12시간, 청소년은 9시간 동안 잠을 충분히 자야 한다.

**오늘의 지능 영양제**

- 잠드는 시간에 맞춰 빛의 조도를 낮추고 주변 환경을 조용하게 만들어주면 좋다. 손을 잡아준다든지, 무릎에 눕혀 심리적 안정감을 느끼게 해도 쉽게 잠들 수 있다.
- 바나나를 갈아 먹이거나 긍정적인 내용의 동화를 읽어주는 것도 숙면에 좋다.
- 베개는 누웠을 때 목에 무리를 주지 않는 정도의 높이와 적당히 단단한 속 재료를 고른다.

보통은 주변이 조용하고 조명이 은은할 때 안정을 취하고 숙면할 수 있다. 주변을 조용하게 만들고 빛의 밝기를 조정하자. 부모와의 스킨십으로 교감과 행복도를 높여주어도 수면의 질이 좋아진다. 아이들은 대개 잠을 잘 때 부모가 옆에 없는 것 같은 두려움에 빠지기 쉬워 숙면을 취하지 못하기 때문이다. 또 바나나에 들어 있는 비타민 B6 등도 숙면을 유도한다.

# 수면은 뇌의 회복제다

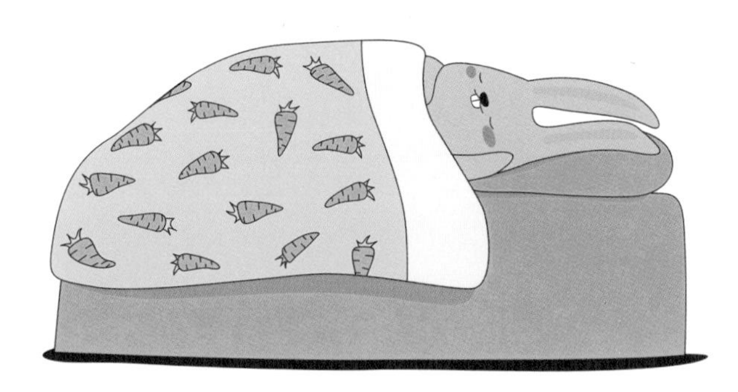

## 09 수면의 질이 좋아야 기억력이 발달한다

수면과 지능에 대한 연구는 오래전부터 이루어졌다. 수면의 질이 떨어지면 결국 뇌의 기억 능력이 현저하게 떨어진다는 연구 결과가 정설이 되었으며, 《네이처 뉴로사이언》 온라인판에 '수면의 질이 낮은 사람은 숙면을 취한 사람에 비해 기억력이 19퍼센트 감퇴한다'는 논문도 발표됐다. 또 미국 존스 홉킨스 대학 신경과학 연구진 등에 따르면 수면 관련 약물을 복용할 경우 뇌 속 화학반응이 교란될 가능성이 커져 결국 기억력 장치에 문제가 생길 수 있다.

### ★ Dr. 처방

교육열로 유명한 우리나라 아동들은 수면의 질이 세계 하위권 수준이다. 지나친 학습 스트레스가 숙면을 방해하고 수면의 질을 떨어뜨리는 강력한 요소가 되기 때문이다. 어떤 훈련을 통해 수면의 질을 회복하느냐가 가장 중요한 문제가 되었다.

좋은 방법 중 하나는 심리적으로 안정된 상황에서 신체 에너지

소비를 최소화하여 쉬게 하는 것이다. 더불어 과도한 경쟁보다는 스스로 즐겁고 만족스러워하는 학습 환경을 만들어주어야 한다.

**오늘의 지능 영양제**

- 일정한 시간에 자서 일정한 시간에 일어나는 규칙적인 생활을 한다.
- 자기 전 뇌를 안정화해야 하므로 심한 신체 활동이나 게임을 피하고, 다투지 않도록 한다.
- 잠들기 3시간 전에는 저녁 식사를 끝낸다. 배가 고파서 잠들기 힘들다면 따뜻한 우유 한 잔이나 소화가 잘되는 크래커 몇 조각 등으로 공복감을 달래준다.
- 잠들기 한두 시간 전에 목욕을 한다. 단, 물놀이하듯 활동적으로 움직이거나 너무 오래 목욕을 하면 오히려 숙면을 방해할 수 있으니 목욕은 10~15분 이내로 마치도록 하자.
- 자기 전 팔과 다리를 마사지해주자. 부모의 다정한 마사지는 긴장과 스트레스를 풀어주는 가장 좋은 방법이다.

위의 예시와 같은 수면 환경을 지속적으로 만들어주면 수면의 질도 높아지고, 좋은 수면 습관으로 자리 잡을 수 있다. 반면에 자기 직전 과한 운동이나 밝은 불빛, 스트레스에 노출되거나 휴대전화 사용, 흥분 상태 등은 수면의 질을 떨어뜨리는 습관이므로 피하도록 한다.

특히 아동기에는 성인보다 수면의 질이 신체에 미치는 영향이 더 크기 때문에 항상 신경 써야 한다.

수면의 질이 좋아야
기억력이 발달한다

# 10 감각기관을 다채롭게 활용하게 하자

우리 몸이 제대로 활동하려면 외부 자극에 대해 적절한 반응을 보여야 한다. 체육 시간에 피구를 할 때 상대편이 던지는 공을 잘 피하기 위해 상대편의 움직임과 공의 위치를 잘 관찰하고 적절히 반응해야 하는 것처럼 말이다. 우리 몸에는 사물을 식별하는 '눈'뿐만 아니라, 소리를 듣는 '귀'가 있고, 냄새를 맡는 '코'가 있고, 맛을 보는 '혀'가 있고, 무언가에 닿았을 때 감촉을 느끼는 '피부'가 있다. 이렇듯 주변에서 전달된 여러 성질의 자극을 몸으로 느끼는 기관이 '감각기관'이다. 감각기관은 자극에 반응할 뿐 아니라 두뇌 계발에 많은 영향을 미친다. 지금까지의 교육은 시각과 촉각에 집중되어 있었으나 후각이 발달하면 냄새 맡는 것 이외에도 좌뇌·우뇌 발달, 감성 지능 발달, 상상력·창의력 향상에 도움이 된다. 미각의 발달 역시 맛을 보는 것 이상으로 감성과 심리적 안정에 좋은 영향을 미친다.

### ★ Dr. 처방

뇌는 다섯 가지 감각을 통해 외부에서 감각 자극이 끊임없이 들어오지만 대부분 일상적으로 습관화된 감각들이다. 늘 익숙한 자극만 처리하다 보면 뇌는 습관적으로 반응하는 패턴에 빠져 점차 반응이 무뎌진다. 따라서 새로운 감각 자극을 통해 뇌 감각을 개발할 필요가 있다. 새로운 감각 자극을 더한다기보다는 익숙한 감각 자극에 대한 민감도를 높이는 것이다.

**오늘의 지능 영양제**

- 눈 가리고 주스 마시기. 색깔을 보지 않고 어떤 과일 주스인지 맞혀본다.
- 코를 막고 초콜릿 우유, 딸기 우유, 바나나 우유를 각각 맛보고 분석해본다.
- 여러 재료가 섞인 음식(야채 샌드위치, 만두, 오믈렛 등)을 한입 크게 베어 먹으며 재료 각각의 맛을 느끼고 종류를 맞혀본다. 부모님이 단계별 힌트를 주는 등 재미있는 게임 놀이로 즐길 수 있다.
- 눈을 감고 주변 소리나 음악 듣기
- 오른손잡이라면 왼손으로 글씨 써보기
- 소리를 없애고 TV 애니메이션이나 영화 보기
- 처음 보는 외국어 영화를 자막 없이 보기

이러한 행동들은 우리의 뇌를 자극해 두뇌를 활성화한다. 항상 반복적이며 틀에 박힌 방식으로 활용되던 감각기관이 별안간 다르게 쓰이면 뇌는 잠시 혼란에 빠진다. 하지만 패닉에 빠진다기보다는 이 상황에 대처하기 위해 평소와는 다르게 뇌가 활용되는 과정이 지능 발달에 좋은 영향을 끼친다.

# 감각기관을 다채롭게 활용하게 하자

## 11 새로운 감각을 많이 접하는 것 자체가 지능 훈련이다

새로운 것을 접하면 많은 호기심과 두려움이 같이 일어난다. 잘할 수 있을지 없을지, 성공할 수 있을지 없을지, 도움이 될지 안 될지 등 호기심과 두려움이 꼬리에 꼬리를 물고 생겨난다. 이 과정에서 다양한 생각이 나타나고 결과를 예측해보기도 한다. 익숙한 것보다 새로운 것을 접하는 것이 지능 발달에 긍정적인 영향을 끼치는 이유다. 가령 아무리 좋아하는 것이라도 반복적으로 접하면 두뇌에서도 점차 식상하다고 판단해 흥미를 잃고 두뇌 발달에 미치는 영향도 점차 줄어든다.

### ★ Dr. 처방

성장기에는 대부분 반복적인 패턴의 학습과 놀이를 좋아한다. 이미 결과를 알고 있기에 비교적 성취감을 느끼기가 쉽기 때문이다. 만약 새로운 것보다 익숙한 것만 반복적으로 접한다면 뇌에 새로운 자극이 줄어 두뇌 발달에 도움이 안 된다. 다양한 감각을 접하게 해야 유치원이나 학교에서 배우는 지식을 뛰어넘어 더 많은 것을 느끼고 배울 수 있다.

**오늘의 지능 영양제**

- 어시장은 다양하고도 새로운 것을 경험할 수 있는 좋은 장소다. 여러 종류의 생선을 보고 냄새를 맡고 직접 만져볼 수 있기 때문이다. 물고기를 바라만 봐야 하는 수족관보다 여러 감각으로 체험할 수 있는 어시장이 지능 발달에 더 도움이 된다. 또 어시장에서 생선을 직접 사 와 집에서 요리를 해보는 체험도 가능하다.
- 자동차 속 엔진을 보여주자. 보닛을 열어 시동을 건 후 엔진이 구동되는 모습을 보여주고 알려주면 처음 접하는 정보가 신선한 충격으로 다가와 오랫동안 기억에 남고 또 다른 호기심을 낳을 수도 있다.

보통 시각을 통해 무언가를 처음 접하는 일이 가장 많기 때문에 시각적으로 새로운 자극이 될 수 있는 물건들을 자주 보여주는 것이 좋다. 이후에 촉각이나 미각 등 다른 감각기관들을 통해서도 새로운 경험을 하게 하자.

새로운 감각을 많이 접하는 것
자체가 지능 훈련이다
10000

## 12 좋은 향을 자주 맡게 하자

누구나 좋은 향을 맡으면 기분이 좋아진다. 좋은 향기는 뇌에서 감정 및 기억 기능을 담당하는 대뇌변연계를 자극해 기분 좋은 감정을 불러일으킨다. 그리고 감정은 감성을 자극한다. 감성은 원초적으로 발생하는 감정과 달리 학습의 결과로 만들어진다. 즉, 화가 나거나 즐겁거나 하는 등의 감정과 달리 감성은 개인의 철학처럼 경험과 가치관에 따라 다르게 나타난다. 따라서 좋은 향을 맡으며 감성이 많이 자극될수록 경험과 생각이 축적되며 지능 발달에도 도움이 된다.

★ **Dr. 처방**

성장하면서 더 다양한 향을 만나게 될 아이들에게 미리 좋은 향기를 자주 맡게 하고 그와 관련된 좋은 추억을 만들어주는 것이 좋다. 엄마 품속 향기를 맡으면 안정을 찾는 아기처럼 좋은 향기를 다양하게 경험하면 아이의 감성 교감이 좋아지고 심리가 안정될 수 있다.

**오늘의 지능 영양제**

- 주변의 향기를 자주 맡게 하자.
- 명상하듯 눈을 감고 냄새를 맡게 하는 훈련을 하자. 심리적 안정에 도움이 된다.
- 눈을 뜨고 향기의 출처를 명확히 인식하고 기억하게 하자. 나중에 그 향기가 나지 않더라도 당시의 시각적 감성이 향기를 떠올리게 해 감성적 교감을 유도할 수 있다.

아이에게 향기를 경험하게 할 때는 처음이 무척 중요하다. 부정적인 냄새는 최소화하고 좋은 향기를 많이 자주 경험시키는 것이 좋다. 처음 받아들인 감각은 각인되기 쉽기 때문에 어떤 향기를 맡게 할지 신중하게 선택해 적절한 환경을 조성해야 한다.

# 좋은 향을 자주 맡게 하자

## 13 음악 감상은 지능 발달을 돕는다

음악이 두뇌에 좋은 영향을 미친다는 사실은 누구나 잘 안다. 특히 클래식 음악은 신체 이완에 도움이 되며 몸과 마음을 달래주기도 한다.

클래식 음악 중에서도 특히 모차르트의 곡이 좋다. 다소 서정적이고 빠르지 않은 곡이 많아 두뇌에 좋은 영향을 미치기 때문이다. 안정적인 음악을 들으면 부정적 감정이 완화되는 심리적 효과 덕분이다. 또한 템포가 안정된 곡은 뇌의 상태를 안정적으로 만들며 어떤 활동을 해도 더 효과적으로 수행할 수 있게 한다.

### ★ Dr. 처방

영유아들은 활동적이기 때문에 빠르거나 기계음이 많은 음악보다는 정서적으로 안정된 클래식 음악 혹은 복잡하지 않으면서 반복적인 템포의 음악이 발달에 도움이 된다. 이런 음악을 들으면 마치 명상을 하듯 뇌 스스로 불안함을 조율하고 안정감을 되찾아간다.

아동기로 접어들면 더 다양한 음악을 접하게 한다. 7대 3의 비율로 클래식과 그 밖의 다양한 음악을 들려주면 좋다.

**오늘의 지능 영양제**

- 평소 다양한 장르의 음악(클래식, 동요, 재즈, 사물놀이, 타악기 연주곡)을 감상하고 즐긴다.
- 음악회, 연주회 같은 음악 관련 공연장에 가는 등 음악적 환경에 많이 노출한다.
- 같은 음악을 여러 연주자가 연주한 버전으로 들어본다. 곡 해석이 다르고, 연주법이 달라 새롭게 느껴질 수 있다.
- 광고, 애니메이션, 영화 음악 등 친숙하게 들을 수 있는 음악을 찾아 들어본다.
- 일상에서 시간을 정해 클래식 음악을 틀어 우리 가족의 일상 속 배경음악으로 사용한다. 자녀가 음악을 집중해서 듣지 않더라도 자연스럽게 청각 신경을 자극해 지능 발달에 도움이 된다.
- 자녀가 IT 기기를 사용하기 전 3분간 클래식 음악을 듣게 한다. 음악이 불안정한 의식을 완화하는 역할을 한다.

아이들은 칭찬이나 선물 등의 보상에 크게 반응한다. 아이가 클래식을 잘 접해보지 않았다면 무언가를 달성했을 때 작은 보상으로 클래식을 듣게 하는 것이 좋다. 보상은 선물과 같은 의미여서 클래식이 곧 선물과도 같다는 생각이 도식화되어 클래식을 긍정적으로 인식하게 된다.

# 음악 감상은 지능 발달을 돕는다

## 14 자연을 많이 접할수록 지능이 발달한다

두뇌는 인위적이거나 인공적인 것보다 자연 그대로의 것을 접할 때 안정이 되고 스트레스가 줄어든다. 또한 자연을 만끽하고 자유롭게 체험하면 새로운 것을 접하거나 기분이 안정될 때 생기는 옥시토신이라는 호르몬이 분비되어 호기심이 많이 생겨난다. 이처럼 자연을 자주 접할수록 편안함과 행복감을 충분히 느낄 수 있어 긍정적으로 사고하는 능력이 발달한다.

**★ Dr. 처방**

도시에서 성장하는 아이들은 대개 자연과 멀어지면서 원래 가지고 있던 본연의 모습을 잃기가 쉽다. 성장기 자녀들이 타고난 강점들을 잃지 않고 더욱 강화할 수 있도록 자연을 자주 접하게 하자. 자연과 교감하는 감성적 지능이 발달해 신체뿐만 아니라 정신적인 면역력까지 강화될 것이다.

**오늘의 지능 영양제**

- 자녀와 함께 주기적으로 자연 체험 활동을 하자.
- 주말농장같이 자연물을 키우고 수확하고 먹어보는 경험을 하게 하자.
- 자연의 냄새를 맡고 만져보게 하는 등 최대한 다양한 감각으로 자연을 느끼게 하자.
- 달팽이나 사슴벌레 등을 키워보는 것도 좋다.

자연에서 느낄 수 있는 자유롭고 다양한 감성 자극이 뇌의 신경세포를 깨우면 감각기관이 왕성하게 활동한다. 아이가 자연을 자주 접할수록 지능이 크게 발달할 수 있는 이유다.

자연을 많이 접할수록
지능이 발달한다

## 15 환기만 자주 해도 두뇌가 건강해진다

집중력은 산소 공급과 관련이 깊다. 대뇌에 산소가 부족하면 기억력이 저하되고 집중력이 떨어지며 결국 혈압과 스트레스에도 나쁜 영향을 미쳐 몸 전체가 피로해진다.

**★ Dr. 처방**

아이들은 신체적으로 한창 발달 중에 있으므로 성인보다 쉽게 집중력이 떨어지고 피로감을 느낀다. 이럴 때 부모가 쉽게 해줄 수 있는 방법이 자녀와 함께 산책하거나 창문과 문을 열어 실내 공기를 환기하는 것이다. 밀폐되어 오염된 실내 공기를 바깥으로 빼내고 신선한 공기를 아이의 뇌에 공급할 수 있다.

**오늘의 지능 영양제**

- 미세먼지가 나쁜 날이 아니면 하루 1~2회는 무조건 창문을 열어 환기한다.
- 에어컨 필터 청소는 1개월에 한 번 이상 깨끗이 한다.
- 겨울철에는 난방으로 실내 온도가 높아지면 발암물질, 환경호르몬이 배출되므로 추워도 환기는 꼭 한다.
- 겨울철에는 청소할 때 5~10분 정도 환기를 한다. 아이가 감기에 걸리지 않도록 따뜻하게 입힌 다음 창문을 연다. 봄부터 가을까지는 30분 정도가 적당하다.
- 새벽이나 밤에는 대기오염 물질이 밑으로 가라앉으므로, 오전 9시부터 오후 6시 사이에 환기한다.

신선한 공기에는 피톤치드 음이온이 많이 들었는데 피톤치드 음이온은 긴장을 낮추고 스트레스를 줄여주어 뇌의 부교감신경을 활성화하고 지능 발달에 도움을 준다.

# 환기만 자주 해도 두뇌가 건강해진다

## 16 균형 잡힌 식사는 혈액순환을 도와 두뇌를 계발한다

미각세포의 뉴런은 뇌의 건강한 산소와 건강한 혈액을 타고 감각자극을 활성화하는 역할을 한다. 이 과정에서 식욕이 증가하고 스트레스와 긴장도 완화된다.

아이들은 가끔 어지럽다고 하거나 헛구역질을 할 때가 있다. 대개 혈액순환이 원활하게 이루어지지 않아 그렇다. 지나친 편식이나 소식은 혈액순환을 방해한다. 영양소를 골고루 섭취해야 혈액순환이 원활해지며 건강뿐만 아니라 지능에도 큰 영향을 미친다.

### ★ Dr. 처방

우리 몸의 혈액 중 20퍼센트가 뇌에 몰려 있다. 혈액은 산소와 영양분 등을 뇌로 공급할 때 엄청나게 중요한 역할을 한다. 특히 성장기에는 많은 영양분과 산소 공급이 필요하기 때문에, 적절한 운동과 식사로 혈액순환과 산소 공급을 원활히 하는 것이 아주 중요하다.

**오늘의 지능 영양제**

- 아이가 음식 씹는 것을 싫어하거나 그냥 꿀꺽 삼킨다면 먼저 충치나 부정교합이 있는지 살펴본다. 이가 아프거나 잘 맞물리지 않으면 씹는 것을 피하게 되기 때문이다.
- 아이에게 정해진 씹기 횟수를 채우고 음식을 삼켜야 한다고 알려주는 것이 좋다. 처음에는 부모가 같이 숫자를 세어주면서 관심을 보이고 나중에는 아이 혼자서도 횟수를 지킬 수 있도록 한다.
- 아이들에게 다양한 질감을 느낄 수 있는 음식물을 주어서 씹는 재미를 맛보게 한다. 견과류와 과일, 두부, 오이, 상추, 고기, 나물 등 주변에 질감이 다른 음식들이 많다는 것을 알려준다.
- 같은 재료라 하더라도 조리법에 따라 씹는 맛이 다르다는 것을 알려준다. 조리 전의 두부는 물컹거리지만, 녹말을 입혀 튀기거나, 굽기, 조림 등 조리법에 따라 씹는 질감도 달라지고 음식 맛도 달라진다.

음식을 꼭꼭 씹어 먹을수록 뇌의 혈액순환이 원활해진다. 음식을 씹을 때의 자극이 자극 수용기를 거쳐 뇌의 중추신경으로 전달되어 혈액순환에 긍정적인 영향을 미치기 때문이다. 음식을 여러 번 씹어 천천히 먹고, 즐거운 마음으로 골고루 먹으면 두뇌 발달에 큰 도움이 된다.

균형 잡힌 식사는
혈액순환을 도와 두뇌를 계발한다

## 17 좋은 습관으로 지능을 계발하자

두뇌 발달은 유전적 요소를 기초로 하지만 학습과 훈련, 경험 등으로 더욱 발달될 수 있다. 습관 역시 지능 발달에 큰 영향을 준다. 좋은 습관은 지능을 더욱더 계발하며, 올바른 습관으로 올바른 행동을 반복하면 정해놓은 목표에 더 정확하고 빠르게 다가갈 확률도 높아진다.

**★ Dr. 처방**

어릴수록 어떤 습관을 갖느냐가 성장에 아주 중요한 영향을 미치기 때문에 부모가 아이의 습관 일지를 쓰고 분석하면서 습관 형성에 도움을 주면 좋다. 아이는 어떤 것이 좋은 습관이고 어떤 것이 나쁜 습관인지 쉽게 판단하지 못한다. 그사이 자칫 나쁜 습관이 고착화될 수 있으므로 부모가 도와야 한다.

**오늘의 지능 영양제**

- 아이를 잘 관찰해서 습관을 기록하자.
- 바른 자세 습관을 들이도록 하자. 어깨 펴고 앉기, 똑바로 서기, 바르게 눕기 등.
- 습관의 핵심은 '반복'이다. 아이 스스로 자신이 현재 원하는 목표를 설정하고 그것을 이룰 수 있는 행동을 반복해서 한다면 자연스럽게 습관으로 자리 잡게 된다.
- 말할 때 '어~', '그리고~', '쳇!' 등 특정한 나쁜 버릇이 있는지 확인한다.
- 긍정적인 습관을 보일 때는 충분한 칭찬을, 부정적인 습관을 보일 때는 분명한 훈육을 하고 질병적인 문제는 아닌지 전문가 상담을 받아본다.

아이의 습관을 대수롭지 않게 생각해 지나치는 경우가 많다. 아이의 습관을 일주일만 관찰하고 조목조목 적어 분석해보면 긍정적 행동, 부정적 행동, 학습 행동 등이 한눈에 들어와 아이의 어떤 습관을 어떻게 관리해야 하는지 금방 파악할 수 있다. 지능 계발은 아이의 일상적인 습관을 관찰하고 분석하는 것에서부터 시작된다.

좋은 습관으로 지능을 계발하자

4

# 자존감을 높여 행복을 키우는 성찰 지능 영양제

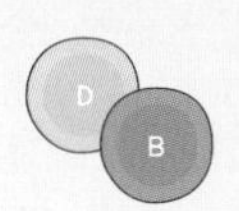

## 01 거울 속 자기 모습을 사랑스럽게 바라보게 하자

심리학 이론 중에 '거울 뉴런 효과'가 있다. 뇌 속에 거울 뉴런이 있어 남의 행동을 보기만 해도 내가 그 행동을 하는 것처럼 반응하며, 다른 사람의 의도를 파악하거나 공감하는 데 큰 역할을 하는 것을 말한다. 이 덕에 서로 말이 통하지 않는 외국인이라도 표정이나 행동만 보고도 의사소통이 가능하다.

그렇다면 거울 뉴런 효과를 아이에게 적용해보면 어떨까? 거울에 비친 자기 모습을 바라보게 하자. 거울에 비친 모습이 마치 다른 사람으로 느껴져 그에게 집중하고 공감하려는 마음이 들 것이다. 나 자신에게 더욱 집중하고 나를 더 사랑하는 시간을 자주 보내면 자아 성찰 지능이 발달한다.

### ★ Dr. 처방

아이들은 자신의 얼굴을 얼마나 자주 볼까? 성인과 다르게 영유아 아이들은 자신의 얼굴을 거의 보지 않는다. 그러므로 자기 얼굴이 어떤 모습인지, 웃는지 우는지 잘 파악하지 못한다. 아이의 모습을 자주 거울로 보여주면 자존감이 높아지고 긍정적인 사고에도 도움이 된다.

**오늘의 지능 영양제**

- 아이의 평소 모습을 사진으로 남겨 자주 보여준다.
- 가족 이벤트나 여행지에서 동영상을 자주 찍고 함께 본다.
- 아이와 마주 앉아 거울이 되어 아이의 표정을 똑같이 따라 해본다. 웃으면 함께 웃고, 찡그리면 함께 찡그린다. 역할을 바꿔서 부모의 표정을 아이가 따라 해본다.
- 거울을 보며 배우가 된 것처럼 좋아하는 영화나 동화책의 한 장면을 따라 해본다.
- 거울을 보며 노래를 하고, 춤을 춘다.

아이들은 누군가를 따라 하고 싶어 하는 발달 과정을 거친다. 타인을 따라 하기도 하지만 자신의 좋은 모습을 보면 즐거워하며 그 모습을 반복하기도 한다. 이 과정에서 자기 자신을 더 긍정적으로 인식해 자존감이 높아지는 효과를 얻을 수 있다.

거울 속 자기 모습을 사랑스럽게 바라보게 하자

## 02 복잡한 것을 정리하게 하자

주변이 복잡하면 시신경을 자극하여 뇌를 피곤하게 만들고 스트레스를 불러일으킨다. 복잡한 것이 정리되면 시각적으로도 편안해져 뇌가 안정적인 상태가 된다. 집중도를 높이기 위해 색다른 방법을 고민하기보다는 당장 자녀 주변부터 깔끔하게 정리하는 것이 우선임을 기억해야 한다.

### ★ Dr. 처방

아이의 뇌를 발달시키는 방법 중 하나가 편안한 휴식을 주어 뇌를 안정화하는 것이다. 그 방법 가운데 가장 쉬운 것이 주변을 정리하는 것이다. 아이에게는 단순하고 안정된 환경을 보여주는 것이 좋다.

**오늘의 지능 영양제**

- 아이와 함께 아이의 책상과 방 등을 정리해보자.
- 장난감 바구니나 수납 공간을 마련해 정리하는 법을 알려준다.
- 아이 혼자만 사용하는 공간이나 물건 외에도 욕실이나 부엌 등 함께 쓰는 공간을 정리하는 법도 알려주고 함께 정리해보자.

주변이 어질러져 있으면 뇌를 지치게 하는 불필요하고 부정적인 자극이 가해진다. 청소하고 정리하면 이런 자극을 줄일 수 있어 뇌가 안정을 찾는다.

# 복잡한 것을 정리하게 하자

## 03 잘하는 것이 있다면 열정적으로 응원하자

아이들은 모두 여러 가능성을 지닌 존재다. 누구나 가장 잘하는 것 한 가지는 있기 마련이다. 김연아 선수처럼 피겨 스케이트를 잘 타는 아이도 있고, 정현 선수처럼 테니스를 잘 치는 아이도 있고, 피카소보다 그림을 잘 그릴 수도 있고, 나중에 노벨상 후보가 될 만큼 뛰어난 과학자나 의학자, 작가가 될 아이도 있다. 그러나 누구나 세계 최고가 될 수는 없다. 아이의 재능을 찾아주는 것도 의미 있지만 아이가 실망하지 않고 스스로를 사랑하며 행복하게 자기 일을 해나갈 수 있는 힘을 키워주는 것도 부모의 책임이다.

성찰 지능은 자신의 강점을 찾고 그 강점에 집중하면서 에너지를 얻는데, 이것을 발견하는 방법은 의외로 간단하다. 아이를 세심하게 관찰하는 것, 아이가 가진 재능을 발견하고 키워주는 것이 바로 그것이다.

### ★ Dr. 처방

아이들은 열정이 상당히 강하다. 아마 부모가 따라가지 못할 정도로 강렬할지 모른다. 그러나 쉽게 지치거나, 부모의 과도한 경쟁의식 때문에 순위나 점수가 우선된다면 열정이 금세 식기도 한다. 그러면 성찰 지능 발달이 원활하게 이루어지지 못할 수도 있다.

**오늘의 지능 영양제**

- 아이가 잘하는 것이 있다면 더 열정적으로 하도록 칭찬해주어야 한다. 부모가 직접 칭찬해주는 것도 좋지만 친척이나 이웃 등 주변 사람들에게 요청해 더 많은 사람에게 칭찬을 듣게 하는 것도 성찰 지능 발달에 도움이 된다.
- 아이가 재능을 보이는 분야가 있다면 지금 실력에만 안주하게 하지 말고 조금 더 난도를 높인 결과물을 보여주어 더 열정을 가질 수 있도록 도와주자.

만약 아이가 자동차를 좋아해서 자동차 모델명을 줄줄 외울 정도라면 차에 대해 상당한 정보를 갖고 있는 것이다. 이 같은 관심은 자동차 디자인에만 국한되는 것이 아니라 바퀴나 엔진 등에도 관심을 보일 가능성이 크다. 그러니 아이와 함께 다양한 자동차 매장을 찾아가 직접 자동차를 살펴보자. 자동차의 엔진을 보여주고 자동차의 여러 시스템 작동 등에 대해 이야기를 나눈다면 아이의 관심이 한 단계 더 높아지고, 열정도 한층 더 커질 것이다.

이때 부모로서 주의할 점은 자신의 눈높이가 아닌 아이의 눈높이에서 바라보고 욕심을 버려야 한다는 것이다. 그래야 객관적인 시각으로 아이에게 어떤 재능이 있는지 어느 정도의 수준인지를 파악할 수 있고 가능성을 일깨울 수 있기 때문이다.

잘하는 것이 있다면
열정적으로 응원하자

## 04 뇌의 불필요한 에너지 소모를 막기 위해 기분을 체크하자

뇌를 적극 활용하는 것은 지능 계발에 도움이 되지만 단, 불필요한 에너지 소모는 예외다. 소모적인 뇌 활동은 체력을 빼앗고 피로를 쌓이게 한다. 체력 소모는 면역력을 저하시키고 의욕을 떨어뜨려 결국 호기심 영역과 기억력 등에서 문제를 일으킨다.

**★ Dr. 처방**

아이가 아무리 고집을 부리고 짜증을 내도 일관적인 양육 태도를 유지해야 한다. 분명한 규칙과 한계가 있다는 것을 인식하게 하는 것이 중요하다. 평소 아이와 민주적인 관계를 맺고, 아이의 의견과 주장에 귀 기울이고, 가끔은 타협도 하되 단호해야 할 때는 단호한 자세를 보여 힘겨루기가 무의미하다는 것을 보여주어야 한다. 아이가 짜증 내는 것을 받아주는 일이 버거워서, 혹은 몸이 피곤해서 잘못된 고집에 굴복해서는 안 된다.

**오늘의 지능 영양제**

- 아침에 아이가 일어나면 기분이 어떤지, 등원이나 등교할 때 기분은 어떤지 말하도록 한다.
- 아이의 마음을 읽어준다. 공공장소에서 아이가 흥분하여 울고불고 떼를 쓰면 부모는 창피하고 화가 나겠지만 일단 아이에게 이유를 물어본다.
- 아이와 함께 규칙을 정한다. 할 수 있는 것, 안 되는 것을 알려준다. 이후 안 되는 것은 아이가 해달라고 고집을 부려도 해결되지 않는다는 것을 분명하게 보여준다.
- 아이의 기질과 성향에 맞게 놀아준다.
- 아이가 화를 내기 전에 미리 감정을 풀어주면서 스킨십을 하고 부드럽게 이야기를 나눈다.
- 신뢰를 쌓는 것이 1순위다. 부모와 아이 사이에 서로 신뢰가 생기면 아이는 부모의 말에 따르게 되어 있다.

아이가 자신의 기분을 체크할 수 있도록 부모가 자주 확인하는 것이 좋다. 자기 기분을 돌이켜보고 조절할 수 있는 능력을 갖추도록 도와서 부정적 감정을 줄여 두뇌의 불필요한 에너지 소모를 최소화하기 때문이다. 또한 부모가 항상 자신에게 많은 관심을 기울이고 있다는 생각이 들어서 행복도가 높아지며 긍정적 효과를 발휘한다. 또 감정 조절과 교감 등의 역할을 하는 대뇌변연계의 해마가 활성화되면서 긍정적인 기억이 머릿속에 남는다.

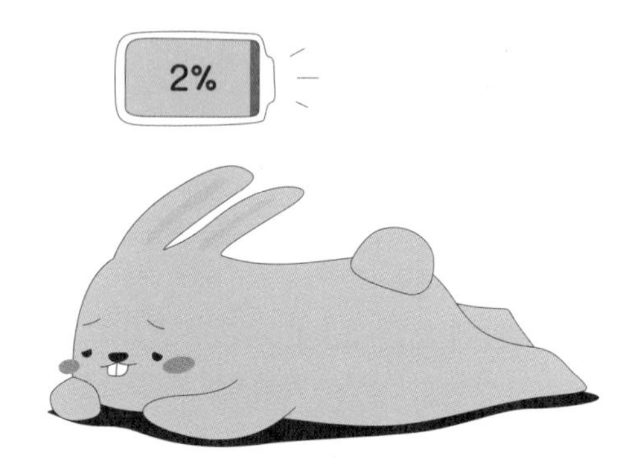


뇌의 불필요한 에너지 소모를
막기 위해 기분을 체크하자

## 05 자기 자신을 분석하고 검증하게 하자

우리는 무언가를 검증하고 평가하기를 즐긴다. 한 가지 정보가 주어지면 대뇌피질, 전두엽 등 뇌의 각종 부위에서 이를 평가하기 위한 수많은 검증이 이루어진다. 검증을 위해 그 정보에 호기심을 갖고 분석하는 일련의 과정이 진행된다. 더 명확하게 검증하고 판단하는 능력이 발달하면 어떤 일도 우수하게 해낼 수 있다.

외부 정보뿐만 아니라 자신을 검증하는 능력 또한 마찬가지다. 관심과 호기심을 갖고 자기 자신을 분석하며 목표와 미래 계획을 세울 줄 알면 어떤 학습이든 훨씬 수월하게 해낼 수 있을 것이다.

### ★ Dr. 처방

간혹 아이들은 자신이 왜 칭찬을 받고 야단을 맞는지 몰라서 어리둥절해한다. 부모는 반드시 아이에게 왜 그런지 상황을 설명하고 이해시켜야 한다. 그렇지 않으면 이후 아이가 자신의 행동이나 상황을 분석하고 검증하려고 하지 않아 다른 일을 수행할 때 어려움을 겪을 수도 있다.

**오늘의 지능 영양제**

- 왜 칭찬을 받는지, 왜 야단을 맞는지, 왜 고마워하는지 상황을 분석하고 검증하게 하자.
- 자신이 한 일이 어떻게 진행되었는지를 논리적으로 설명하게 하자.

상황을 검증하는 능력은 자신의 상황과 주변의 상황까지 모두 살펴야 하기 때문에 어려운 일이다. '왜 그랬는지'를 명확히 알고 분석하면 검증 능력이 발달해 성찰 지능과 더불어 추리력, 논리력까지 상승한다.

자기 자신을 **분석**하고 **검증**하게 하자

## 06 잠깐 더 생각하고 결정하게 하자

당장 눈앞의 결과가 뻔해 보여도 급하게 결정할 필요는 없다. 눈을 감고 단 몇 초만이라도 생각하며 여유를 두는 것이 아주 중요하다. 진정으로 옳은 결정인지, 장기적으로 볼 때도 나에게 옳은 일인지 등을 다시 한번 체크해보는 것은 더욱 현명한 판단을 내리는 데 아주 중요한 과정이다. 어떤 결정을 하는지에 따라 앞으로의 모습과 행보, 인생의 목표 등이 달라질 수 있다. 따라서 몇 초라도 여유를 두고 판단하는 과정이 꼭 있어야 한다.

**★ Dr. 처방**

아이가 단 몇 초의 여유를 두고 생각하게 하는 훈련은 더 현명한 결정을 내리기 위해 필요한 아주 중요한 훈육 과정 중 하나다. 여유를 알지 못하고 성급하게 대처하면 그만큼 숙고하거나 대처할 시간이 적기 때문에 깊게 생각하지 못하고 좋지 않은 결과를 맺을 가능성이 크다. 이 경우 과하게 분노를 표출할 수 있기에 특별히 신경 써야 하는 부분이기도 하다.

**오늘의 지능 영양제**

- 아이가 무언가를 행동에 옮기기 전에 어떤 결정을 내릴 것인지 먼저 물어본다. 잘 실행할 수 있을지, 스스로 몇 초간 생각해보고 대답하게 한다.
- 아이가 잘못을 했다면 부모가 먼저 급하게 혼내기보다는 아이 스스로 행동을 돌이켜보고 말할 수 있도록 시간적 여유를 줄 필요가 있다.

아이는 비교적 쉽게 잘못을 인정하고 쉽게 감사를 표한다. 그러므로 잠시 시간을 주어 스스로 잘못을 인지하고 말하게 하거나 고마움을 표현할 수 있게 하는 과정에서 판단력이 길러진다.

잠깐 더 생각하고 결정하게 하자

1 . 2 . 3 . 4 . 5

## 07 지난 기억을 천천히 곱씹는 훈련을 하게 하자

뇌의 특징을 활용하면 기억력 증강에도 도움이 된다. 뇌는 문제 상황에 노출되면 과거 경험을 반추해 해결하려는 특징이 있다. 이처럼 과거 경험을 곱씹으며 반복적으로 되새기는 것은 기억력을 강화하는 기초적인 방법 중 하나다.

이를 응용한 것이 예측 행동 학습이다. 예측 행동은 제시된 것을 수동적으로 받아들이지 않고, 능동적인 자세로 앞으로 어떻게 행동해야겠다고 예상하고 준비하는 일종의 대처 능력을 말한다. 적절한 예측 행동을 위해 과거 상황을 반추하고 다양한 결과를 실험하는 과정에서 성찰 지능을 높일 수 있다.

### ★ Dr. 처방

돌발적 상황을 만나면 아이들은 어떻게 대처할까? 비교적 경험과 학습의 양이 적기 때문에 미리 예측하고 판단하기가 쉽지 않다. 그렇기에 실수가 잦은 것이다.

실수를 미리 방지하는 방법은 과거 기억을 다시 곱씹는 뇌의 기능을 활용하는 것이다. 성인보다는 적겠지만 경험했던 것들을 반복하는 학습을 통해 지능 훈련을 할 수 있다.

**오늘의 지능 영양제**

- 낯선 사람의 얼굴을 보게 한 후 눈을 감고 얼굴을 떠올리며 그림을 그리게 한다. 방금 봤던 얼굴을 떠올리는 과정이 과거 기억을 곱씹는 것과 같은 역할을 한다.
- 어린이집이나 유치원 혹은 학교에 다녀오면 그날 첫 수업부터 무엇을 했는지 물어본다. 학습적인 내용은 빼고 각각의 시간에 교실의 풍경과 교사의 행동, 옷차림 등 쉽게 잊힐 만한 것을 물어보는 것이 좋다.

쉽게 잊힐 만한 내용이라면 아동기에는 성인보다 더 빠르게 기억에서 소멸된다. 앞으로 받아들이고 저장해야 할 내용이 너무나 많기 때문에 기억할 필요 없이 소소한 정보라고 생각되는 것에는 중요도조차 형성되지 않는 것이다. 가령 점심으로 무엇을 먹었는지도 기억하지 못할 정도다. 소소한 것을 기억한다고 해서 뇌의 용량이 부족해지는 것은 아니니 꾸준히 기억 훈련을 시켜 기억력을 키우는 것이 중요하다.

지난 기억을 천천히 곱씹는
훈련을 하게 하자

## 08 긍정적인 생각을 할 때 성찰 지능이 더욱 발달한다

긍정적인 생각을 하면 뇌 상태가 더욱 안정되어 긍정 호르몬인 세로토닌, 엔도르핀, 도파민이 많이 생성된다. 이들 호르몬은 심리적인 안정감도 주지만 성찰 지능 발달에 좋은 영향을 미친다.

### ★ Dr. 처방

아이들은 좋고 싫음이나 긍정 부정에 대해 학습 중인 시기이므로 이 같은 판단에 대해 부모의 교육과 도움이 필요하다. 절대 하면 안 되는 일과 할 수 있지만 조심해야 하는 일, 꼭 해야 하는 일 등을 구분 짓고 판단하는 등의 다양한 학습이 필요하다.

이 같은 학습 과정에서 아이가 부정적인 태도를 보이면 긍정적으로 임하게끔 부모의 도와주며 설명을 해주어야 한다. 부정적이라고 해서 너무 질책할 필요는 없다. 결국 다양한 감정과 태도와 학습이 모여 아이를 성장시키는 밑거름이 되기 때문이다.

다만 왜 지나치게 부정적일 필요가 없는지, 왜 긍정적인 태도를 취해야 하는지 등에 대해 차근차근 이야기를 나누는 것이 좋다. 최대한 부모 자신의 기준보다는 보편적이고 객관적인 잣대를 두고 대화하는 것이 좋다.

**오늘의 지능 영양제**

- 아주 사소하고 당연한 일상으로 보여도 그 무엇도 당연한 것은 없다. 인사를 잘하거나, 무엇이든 한 가지만 잘해도 칭찬을 아끼지 말자. 그 작은 행동이 가능성이 되고, 아이는 매사에 긍정적인 생각을 하게 된다.
- 아이의 꿈을 있는 그대로 응원한다. 아이가 유명한 가수가 되겠다고 하거나, 돈 많이 버는 스포츠 스타가 되겠다고 하면 그 꿈을 어른의 뜻대로 왜곡해 유명한 것은 중요하지 않다고 가르칠 필요는 없다. 지금 그 아이의 로망일 뿐이니 "유명한 가수가 될 거야!", "돈 많이 버는 스포츠 스타가 되고말고!"라며 인정해주자.
- 돈에 대한 가치나 재능의 중요성은 다음에 가르쳐주어도 늦지 않다.
- 부모에게 인정받은 아이는 자기이해 지능, 자기성찰 지능이 높아지므로 '가치'에 대한 것을 스스로 배운다.
- 일상에서 아이의 재능과 흥미를 찾아내 응원하고 격려하는 부모의 말은 아이가 성장하면서 힘든 순간을 극복하고 끝까지 해내는 자양분으로 쓰일 것이다.
- 친구들의 장점을 말하고 적어보게 한다.
- 과거 즐거웠던 추억을 지속적으로 기억하게 한다.

누구나 힘들고 어려운 상황에 놓일 수 있다. 이때 중요한 것은 어떻게 다시 일어설 수 있는가다. 아이를 잘 이해시켜 긍정적인 태도로 바라보게 하고 또 그에 맞게 좋은 결과가 만들어진다면 더욱 긍정적으로 사고할 수 있어 향후 발생할 각종 어려움에도 잘 대처할 수 있다.

긍정적인 생각을 할 때
성찰 지능이
더욱 발달한다

# 09 현실 가능한 성취를 상상하게 하자

정보는 무작정 달달 외우는 것보다 특정 추억과 그때의 감정, 즉 좋았을 때 혹은 나빴을 때와 연관시킬 때 기억에 잘 남는다. 실제 있었던 일에 미래나 가상의 바람을 덧입혀 생각할 수도 있다. 가령 목표로 삼고 있는 것을 성취했을 때의 상황과 모습을 상상하는 것이다. 상상만으로도 새로운 정보를 얻은 효과가 생기고, 즐거운 상상 덕에 행복도도 올라간다. 더불어 실제 긍정적인 결과로 이어지는 경험을 하게 되면 또다시 긍정적인 결과를 머릿속에 그려보는 일을 반복하며 계속 긍정적인 효과를 얻을 수 있다.

### ★ Dr. 처방

성장기에는 보통 무한한 상상력을 발휘할 에너지가 많다. 현실에서 받아들인 새로운 정보에 자기만의 호기심을 덧입혀 상상의 나래를 펼 여지가 많은 것이다. 이때 연관 지어 기억하는 능력 또한 발달하며 기억력이 좋아질 수 있다.

**오늘의 지능 영양제**

- '이 수학 문제를 풀고 기다리면 아빠가 피자를 사 올 거야'와 같이 일정 정도의 학습량이나 점수에 달성해서 먹고 싶은 음식을 먹는 상상을 해본다.
- 비는 왜 올까? 비가 오니 간지러워서 나무가 흔들리는 걸까?
- 저 큰 새의 날개 위에 올라타면 어디까지 갈 수 있을까?
- 길냥이들에게 음식을 가져다주면 고마워서 내 얼굴을 기억할까?

상상은 머릿속에 가상공간을 만드는 것과 같다. 현실에 존재하지 않는 것도 머릿속에 그 모습을 그리고 기억하는 과정에서 흥미가 유발될 수 있다. 사소해 보이는 것조차 관련지어 상상해보고 꿈꾸는 과정을 거치며 지능이 향상될 수 있다.

# 현실 가능한 성취를 상상하게 하자

# 부록 1

## 양육 스트레스는 그만,
## 부모 지능 영양제

# 양육 스트레스는 그만, 부모 지능 영양제

• 부모는 일만 하는 사람이 아니다

업무 집안일, 여기에 양육까지. 자녀를 키우다 보면 쉴 틈이 없다. 항아리에 물이 가득 차면 넘쳐버리듯 뇌 용량에도 한계가 있다. 너무 많은 생각과 부담을 적당히 비워내고 다시 계획하고 실천할 수 있어야 한다. 바쁘더라도 틈틈이 소소한 휴식 계획을 짜서 실천한다면 스트레스가 줄고 에너지가 생길 것이다.

• 수많은 이 일들이 대체 언제 끝날까, 조바심 갖지 말자

조바심이 생기면 심리적으로 위축되며 자신감이 낮아지고 양육 스트레스로 인해 우울증까지 생길 수 있다. 따라서 주 1~2회라도 시간을 내 요가나 수영을 하자. 수영을 하면 음이온이 많은 물에 피부가 직접 접촉하며 몸에 긍정적인 영향을 미치고 수영 후 뜨거운 물로 샤워를 하면서 피로를 풀 수도 있다.

요가 역시 명상과 긴 호흡을 통해 신체를 제어하는 능력이 길러

진다. 내 몸을 스스로 통제할 수 있으니 심리적 압박이 줄고 신체 면역력도 좋아진다.

• 새로운 것을 배워보자

관심 있는 분야를 새롭게 배우기 시작하면 양육으로 지친 일상에 활력이 될 수 있다. 또한 양육을 위해 그만두었던 일을 다시 시작할 때도 도움이 될 수 있다. 무언가를 배우기 시작하면 뇌가 환기되기도 하고 새롭게 배우는 기쁨 덕분에 스트레스가 줄기도 한다.

• 내게 집중하는 나만의 시간을 갖는 것이 오히려 자녀를 위한 길이다

많은 부모가 넘쳐나는 육아 정보에 허덕인다. 주변의 다른 부모들과 비교하며 경쟁하거나 위축되거나 지나치게 불안해하는 모습을 보이기도 한다. 좋은 양육자가 되기 위해 노력한 것들이 오히려 주의력을 흐트러뜨리고 배우자와의 갈등을 초래하는 등 문제를 만들기도 한다.

너무 많은 정보를 접하려 하기보다는 부모인 나 자신에게 집중하는 것이 오히려 좋은 양육자가 되는 지름길일 수 있다. 하루에 2시간 정도 자신만의 시간을 갖자. 바쁜 와중에 굳이 빼낸 나만의 시간이 오히려 여유를 가져다줄 것이다.

• 달리는 것은 부모에게도 최고의 영양제다

달리면 모든 감각 신경이 뇌의 면역체를 튼튼하게 해주어 스트레스가 완화된다. 천천히 달리다가 빨리 달리기를 반복하면 그 효과가 더 크다. 양육에 지쳐 면역 체계가 망가진 부모에게 건강을 되찾아줄 최고의 영양제가 바로 달리기다.

• 자투리 시간을 활용하라

나를 위한 시간을 도저히 낼 수 없을 만큼 바쁜 부모들에게는 자투리 시간을 활용하는 방법이 있다. 아침에 일어나자마자 스트레칭을 하거나 식사 후 5~10분 정도 걷거나 명상과 호흡을 하는 것도 충분히 여유 시간이 될 수 있다.

• 규칙적으로 운동하라

양육 스트레스로 폭식하며 쌓인 칼로리를 분해하고 심혈관을 튼튼하게 해 건강과 의욕을 되찾을 수 있다.

• 자녀의 수면 시간을 계획하고 지켜서 본인의 수면 습관을 바로잡아야 한다

부모가 먼저 계획적인 수면 시간과 수면의 질의 중요성을 알아야 한다. 잠을 잘 자야 컨디션을 조절해 양육 스트레스를 줄일 수 있다.

• 아침에는 관대해져라

하루를 시작할 때 언성을 높이고 인상을 찌푸린다면 자녀뿐만 아니라 나의 오늘 하루에도 좋지 않은 영향을 미친다. 아침에는 웬만하면 그냥 넘겨버리자. 넘기고 나면 큰일이 아니었다고 생각 드는 일이 많을 것이다.

• 아침에 자녀들을 유치원 혹은 학교에 보내며 같이 나가 걸어라

아침에 걸으면 행복감을 관장하는 호르몬인 세로토닌이 올라가 기분이 좋아진다.

• 햇빛을 쬔다

햇빛은 체내에 비타민 D를 합성하는 중요한 역할을 한다. 비타민 D는 골다공증 및 우울증 방지에 상당한 도움을 주기 때문에 양육에 지친 부모에게 꼭 필요하다.

• 일할 계획보다 놀 계획을 먼저 세워라

매번 일할 계획은 빼곡하게 세우지만 정작 놀고 쉬는 일은 불편하게 느끼는 부모가 많다. 하지만 놀 계획을 먼저 세우면 심리적 위안과 활력이 생겨 오히려 생활 전반에 좋은 영향을 미친다.

• 교감이 잘되는 사람과 소통하는 것은 기분을 좋게 한다

이야기를 할 때도, 들을 때도 컨디션이 좋아지기 때문에 일주일에 한 번 이상은 마음이 잘 맞는 사람을 만나 맛있는 음식을 먹고 이야기를 나누며 양육 스트레스를 풀자.

• 규칙적으로 명상하는 것도 많은 도움이 된다

머리가 복잡할 때는 소모적인 생각을 내려놓고 마음을 평안하게

만들어주는 긍정적인 생각으로 명상을 하면 시냅스에 긍정적인 정보가 많이 오가면서 뇌의 상태가 안정화되는 것을 돕는다.

• 신체 여러 부분을 움직여본다

잘 쓰지 않던 부분을 움직일 때 뇌는 다소 긴장하면서도 전보다 더 다양한 감각기관에 활력을 전달하여 더 건강한 상태가 된다.

• 큰 소리로 노래를 부르거나 책을 읽어보아라

크게 말하면 혈관이 확장되며 얼굴로의 혈액 공급이 원활해진다. 이 같은 신체 변화가 심리적으로 위축되며 쌓인 스트레스를 해소하는 데 큰 도움이 되기도 한다.

• 몸에 숨어 있는 베타엔도르핀을 찾자

베타엔도르핀은 극한의 쾌감을 느낄 때 생성되는 호르몬으로, 고통을 줄여주고 급성 스트레스를 잡아주며 최상의 행복감을 느끼게 한다. 더불어 각종 질환을 예방하며 두뇌 향상에 도움을 주는 것으로 알려져 있는, 신의 호르몬이다.

베타엔도르핀을 찾으려면 먼저 부부간에 사랑을 나누는 방법이 있다. 또 나만의 성취를 느낄 수 있는 계기를 마련하는 것도 좋은 방법이다. 새로운 요리에 도전하거나 집념을 발휘해 산 정상에 올라서는 것, 좋아하는 스포츠에 참여해 승리하는 경험도 효과적이다.

# 건강하고 똑똑해지는 식사,
# 지능 영양 도시락

## ★ 건강해지고 똑똑해지는 식사, 지능 영양 도시락

• 지능 영양에 꼭 필요한 영양소

- 포도당glucose: 뇌 에너지 활성화
- 비타민 B6: 신경전달물질을 합성
- 단백질: 뉴런, 신경전달물질의 원료
- 비타민 E: 뇌 노화를 방지
- 칼슘: 뇌 기능을 활성화
- DHA: 뇌가 스트레스에 강해짐
- 그 외 영양소: 뇌 종합 발달

• 포도당이 함유된 음식을 많이 먹게 하자

뇌의 주요 에너지원은 포도당이기 때문에 포도당이 많이 함유된 음식을 섭취하는 것이 좋다. 이 군의 식품으로는 꿀, 포도, 무화과 등이 있다. 한번에 많은 양을 먹지 않도록 하며 주 3~4회 다양한 조리를 해서 먹으면 더 좋다.

• 비타민 B군을 섭취하게 하자

비타민 B군은 성장기 자녀의 지능 발달에 많은 도움이 된다. 소화를 원활하게 해서 신경조직을 건강하게 만들며 집중력을 높이는 효과도 있다. 또한 피로물질인 젖산을 분해하는 성분이 많아 피로감으로 인한 무기력이나 스트레스 완화에 큰 도움이 된다.

• 아침 식사는 지능 계발의 필수 요소

공복감이나 포만감 등을 느끼게 하는 식욕 중추는 특히 아침 식사 및 규칙적인 식사 여부와 관련 있다. 특히 공복 시간이 가장 긴 아침에 식사를 하지 않을 경우 식욕 중추에 문제가 생겨 원활한 두뇌 활동에 방해가 된다.

또한 식사를 규칙적으로 하지 않으면 뇌의 영양 상태가 불균형해져서 이 역시 지능 발달에 부정적인 영향을 끼친다. 자녀가 폭식을 하거나 이유 없이 심한 편식을 하면 지능 계발에 문제가 생길 수 있으니 부모가 주의 깊게 살펴 이를 막아야 한다.

• 뇌에 좋은 영양소는 '골고루'

물론 5대 영양소를 포함해 음식을 골고루 섭취하는 것이 제일 좋다.

그런데 많은 아이가 특히 DHA가 함유된 생선류를 잘 먹지 않는다. 음식을 가리지 않는 올바른 식습관을 형성해주면 뇌 기능이 활성화되고 집중도도 좋아질 수 있다.

• 식사 시간은 즐겁게

식사 시간에는 음식을 먹을 뿐 아니라 대화도 오가기 때문에 함께 밥을 먹는 사람들 간에 많은 교감이 일어난다. 이때 감각기관이 총동원되어 각종 신경전달물질이 가장 많이 나온다. 행복하고 즐거운 식사 시간은 감각 지능, 감성 지능 등에 긍정적인 영향을 많이 주기 때문에 식사 시간이 최대한 즐겁고 유쾌하도록 분위기를 조성해야 한다.

• 아는 것을 실행하라

어떤 음식이 어디에 좋은지 정보가 흘러넘친다. 관건은 그렇게 알게 된 정보를 실행하는 것이다. 좋은 정보를 얻고 이를 꾸준히 실행해 올바른 식습관을 형성하고 영양 섭취가 이루어진다면 자녀의 지능 활성화에 큰 도움이 될 것이다.

# 자녀가 꽃길만 걷길 바라는 부모에게

방송에 출연하거나 강연을 하면 패널들과 스태프들에게 수많은 질문을 받습니다. 신기하게도 그들은 자신의 심리나 정신 문제보다 자녀의 발달과 학습 등에 대해 훨씬 많이 궁금해합니다. 더 나아가 내가 점쟁이거나 예언자인 것처럼 자녀의 미래를 묻기도 합니다.

"어떻게 해야 하나요?"로 시작해 "제발 알려주세요!"로 끝나는 간절한 물음들. 얼굴이 상기될 만큼 다급한 사연들. 듣다 보면 왠지 모르게 안쓰럽습니다. 부모들의 사랑이 그대로 전해져 나 역시 부모로서 동질감을 느끼는 동시에 한편으로 전문가로서 사명감이 들기도 합니다.

대부분 부모는 자녀들이 꽃길만 걷길 원합니다. 큰 문제나 어려움을 겪지 않고 꽃길 위로 사뿐사뿐 나아갈 수 있다면 더할 나위 없이 좋겠지만 살면서 그런 길만 걸을 수는 없습니다. 흙길도 걷고 진흙탕도 건너봐야 꽃길의 진정한 아름다움을 알 수 있지 않을까요?

이 책에 소개한 여러 활동도 마찬가지입니다. 물건을 사고 나오기 전에 간단한 셈을 해보거나 일상 속에서 집중이 필요할 때 가벼운 머리 운동을 해보는 등, 평소 해오던 것만 반복하거나 가만히 있는 대신 계속해서 생각하고 움직이며 주변과 소통할 때 두뇌는 발달합니다. 그러면 아이는 책상 앞에 앉아 연필을 들고 공부 시간을 채우지 않아도 재미있게 학습할 수 있습니다.

절대 어려운 일이 아닙니다. 당장 자녀가 성과를 내지 못한다고 초조해하거나 주변과 비교하며 경쟁시키지 않고 그저 기다리면 됩니다. 일상에서 자녀와 마치 놀이를 하듯 교감하는 사이 아이의 두뇌 발달이 활발하게 이루어질 테니 말입니다. 명령하거나 화를 내듯 훈육하면서 가족 모두가 느끼던 스트레스도 훨씬 줄어듭니다.

조바심을 내려놓고 이 책을 읽으며 꾸준히 실천하는 것이 말처럼 쉽지 않을 수도 있습니다. 다만 지금 가장 중요한 것은 큰 욕심을 버리고 지속적인 관심과 애정을 쏟는 것입니다. 그 사랑과 믿음만으로도 아이는 자기가 가진 능력을 최대로 발휘할 것입니다.

● 논문

강은아, 〈아동·청소년의 정서 지능 향상 프로그램 효과에 대한 메타분석〉, 경성대학교, 2017.

곽윤정, 〈정서 지능의 발달 경향성과 구인 타당성에 관한 연구〉, 서울대학교, 1997.

김경희, 〈유아 정서 지능의 구인 타당화 연구〉, 《한국심리학회지》, 1999.

김명희·정태희, 〈미국의 다중 지능 교육〉, 한국열린교육학회, 1997.

김은지 외, 〈만 5세 유아를 위한 화목한 생활 습관 교육 프로그램이 유아의 정서 지능과 친사회적 행동에 미치는 영향〉, 어린이미디어연구, 2014.

박병기·유경순, 〈창의성과 지능의 관계 구조〉, 한국교육심리학회, 2000.

박소연 외, 〈다중 지능 이론을 적용한 디자인 교육 활동이 유아의 지능에 미치는 영향〉, 《디지털디자인학 연구》, 2012.

박영애·최영희·박인전, 〈아동의 성격 특성과 정서 지능과의 관계〉, 《한국가정관리학회지》, 2002.

서동명 외, 〈음악극 활동이 유아의 정서 지능에 미치는 영향〉, 열린유아교육연구, 2006.

유은영·유민봉, 〈변혁적·거래적 리더십이 혁신 행동에 미치는 영향에 있어 리더 감성 지능의 매개 효과: LISREL과 매개 회귀 분석을 적용하여〉, 한국행정학회, 2008.

이정희, 〈과학 영재의 정의적 특성 및 영재성 인식에 관한 연구〉, 서울대학교, 2005.

이정숙·유정선, 〈학령전기아동의 정서 지능 및 친사회적 행동 증진을 위한 장기집단상담프로그램 효과 연구〉, 《한국가정관리학회지》, 2007.

임성관, 〈다중 지능 유형별 독후 활동 연구〉, 한국비블리아학회, 2015.

전환성, 〈감성 지능(EI)과 매체 이용 행태 간의 관계 연구〉, 한국커뮤니케이션학회, 2004.

차경희, 〈한국 초등학교에서의 다중 지능 이론의 적용에 관한 질적 사례 연구〉, 한양대학교, 2005.

최영희·박영애·박인전·신민섭, 〈아동의 우울 및 불안 경향과 자아 존중감 및 정서 지능과의 관계〉, 《한국가정관리학회지》, 2002.

최은경·박영애, 〈부모의 양육 행동 및 인성과 아동의 정서 지능과의 관계〉, 《한국가정관리학회지》, 2001.

● 단행본

권석만, 《현대 이상심리학》(학지사, 2013).

김동철, 《아이 마음이 궁금해요》(예문아카이브, 2017).

김동철,《잠재력을 깨우는 두뇌심리》(경향BP, 2013).

캐서린 콜린 외,《심리의 책》(지식갤러리, 2012).

페그 도슨·리처드 구아르,《아이의 실행력》(북하이브, 2012).